JN220308

すばる望遠鏡
宇宙の神秘を探る

編著　国立天文台ハワイ観測所

Creviis

序文

国立天文台長
土居 守

すばる望遠鏡25周年を記念して画像集を出版することとなった。すばる望遠鏡は、私の学生時代は大型光学赤外線望遠鏡JNLTと呼ばれていた。当時日本では光学赤外線望遠鏡としては1.88メートルが最大口径で、口径7.5メートル以上をめざすJNLTは「夢の望遠鏡」だった。国立天文台の立ち上げを含め、何年にもわたる多くの方々の様々なご努力の結果、1989年の暮れについにゴーサインが灯り、星の瞬きが小さく晴れの夜が多いことで定評のあったハワイ島マウナケアに、日本の技術の粋を集めた望遠鏡の建設が始まった。約10年後の1999年1月、口径8.2メートルの主鏡に光が初めて入り、極めてシャープな絵が安定して撮れるすばる望遠鏡が完成した。

その後、最先端の観測装置が10台以上開発され、太陽系の天体から遠方宇宙まで大変多くの科学的発見に成功、日本と世界の天文学の発展に大きく寄与してきている。国立天文台長として、すばる望遠鏡の建設と25年間の運用に貢献された数多くの方々に改めて深く感謝申し上げたい。

私も立ち上げ時期から参加して、いろいろな研究を行わせていただいた。望遠鏡のトラブルに直面したこともあれば、ノーベル物理学賞が授与された宇宙の加速膨張の発見にも貢献する観測を行うこともできた。研究資料を見返すと、初期に少しずつ装置が完成に近づいていた様子や、山頂での観測風景、国際研究会など、数多くのことが思い出され、こうして25周年を迎えたことは、誠に感慨深い。

すばる望遠鏡では、現在8億7000万画素のカメラ、ハイパー・シュプリーム・カム(Hyper Suprime-Cam; HSC)が活躍している。また赤外線の観測装置も搭載されており、目で見える光では見通せない、暗黒星雲の奥の宇宙の姿を観測することもできる。

本書には、すばる望遠鏡を駆使した、大変迫力のある画像がたくさん掲載されている。望遠鏡やドーム、観測装置などの写真、解説などとあわせて、お楽しみいただければ幸いである。

写真：マウナケアの静夜を照らす散開星団「すばる」と木星

画像集の出版に寄せて

国立天文台ハワイ観測所長
宮崎 聡

口径の大きな望遠鏡を建設すると、どのようなことが可能になるのだろうか。口径が大きいほど天体からやって来る光を効率よく集めることができ、同じ明るさの天体をより短時間で観測できる。観測時間が決まっている場合には、より暗い天体まで観測できることになる。これが一番目の御利益だ。

もう1つの御利益は、口径が大きいと回折（波としての光が、開口端で回り込むように進行方向を変える性質）が相対的に小さくなるため、形成される像がよりシャープになることである。すばる望遠鏡のような地上望遠鏡は、大気揺らぎによる像の広がりの方が、回折による影響より大きいが、波面補償光学という技術を使うと大気揺らぎの影響を最小限に抑え、高解像度な天体画像を取得できる。現在、すばる望遠鏡のように口径8メートルを超える大望遠鏡は世界に10台以上あるが、そのどれもが「暗い天体まで観測できる」ことと「高解像度な観測ができる」ことを生かして研究を行っている。

ただし、大望遠鏡にも弱点がある。口径が大きくなると望遠鏡全体が大型化し、焦点距離も必然的に長くなる。その結果、同じ大きさの光検出器で撮影できる天域の広さ（視野）が狭くなってしまう。すばる望遠鏡は大望遠鏡としては例外的に焦点距離が短い主焦点を備えることで、この弱点の克服に成功した数少ない望遠鏡である。これにより、「暗い天体を広い天域で探査する観測」が可能になった。

本書にはこの主焦点広視野カメラで撮影された近傍銀河などの美しい画像が数多く収録されている。しかし、その外側にビッシリと写っている淡く小さな光芒にも注目してほしい。これらの暗い天体のほとんどは、遠方の銀河であり、小さく見えているのは距離が遠いためである。これこそが先に述べた探査観測の研究対象である。

また、本書には高解像度という特長を生かして撮影された、太陽系から遠く離れた恒星の周りにできつつある、惑星のもととなる円盤の画像もある。これらの画像の多くが、研究の最前線で使われているものであり、多くの人々に見ていただきたいものばかりである。画像を通じて、天文学の研究に興味を持っていただけたら幸いである。

写真：月明かりに輝くすばる望遠鏡と天高く昇る散開星団「すばる」

CONTENTS

日没後観測開始前のすばる望遠鏡

I

すばる望遠鏡概要

すばる望遠鏡は、世界最高の性能を目指して設計・建設された日本の光学赤外線望遠鏡である。その象徴が、口径8.2メートルに及ぶ世界最大級の一枚鏡であり、磨き上げられた鏡面精度は世界最高水準を誇る。この巨大な鏡を支える望遠鏡本体は、観測対象を正確に捉えるための高精度な指向と鏡面の精密な制御を実現するために、日本のメーカーが培った技術と工夫が随所に施されている。さらに、ドームの設計には空気の流れを整えてシャープな星像を追求する工夫が施され、観測精度の向上に寄与している。こうした技術を結集したすばる望遠鏡は、天文学における世界最高の観測地の1つである、ハワイ・マウナケア山頂域に設置された。これは日本が初めて国外に設置した本格的な天文観測施設であり、世界の研究者に開かれた国際的な研究拠点として重要な役割を果たしている。

すばる望遠鏡の強みは、多彩な観測装置にも表れている。様々な波長や観測手法に対応した装置が搭載され、幅広い研究が可能である。これらの装置は、すばる望遠鏡の建設構想の段階から多くの研究者が議論を重ね、様々な科学的要求を満たす努力がされた結果である。大学や研究機関との連携によって生まれた観測装置は、天文学の多様なニーズに応えるかたちで進化を続けている。

すばる望遠鏡の建設と運用は、日本とハワイの人々の支えによって実現した。その成果は研究者だけのものではなく、社会全体に還元されている。こうした取り組みの積み重ねにより、すばる望遠鏡は日本で最も知られる科学装置の1つとなっている。本書も、すばる望遠鏡の魅力や意義を伝えるきっかけとなることを願っている。美しい画像の数々をご覧いただく前に、本章では、すばる望遠鏡の概要、観測装置、そしてハイパー・シュプリーム・カムすばる戦略枠プログラムについて概説する。観測開始から25年を経た今もなお、すばる望遠鏡とその観測装置が世界第一線のものであることを感じていただければ幸いである。

石井未来（国立天文台ハワイ観測所）

すばる望遠鏡の構造

沖田博文（国立天文台ハワイ観測所）

超高精度な大型望遠鏡

すばる望遠鏡は可視光と赤外線を観測する反射望遠鏡で、高さ22.2メートル、最大幅27.2メートル、重量555トンである。筐体（きょうたい）は鋼鉄製で、保温材を取り付けたアルミニウム板で望遠鏡全体を覆っている。経緯台式の望遠鏡で、水平方向と垂直方向の動きを組み合わせて動く。大きく重い望遠鏡であるが、精密な観測を行うためには高い天体追尾精度が要求される。望遠鏡の方位軸（水平方向の軸）と高度軸（垂直方向の軸）には、静圧軸受（せいあつじくうけ）と呼ばれる、回転軸を潤滑油の圧力で支持する軸受けを採用し、軸を浮き上がらせる構造のため、非常に小さな摩擦で滑らかに動く。実際、555トンの望遠鏡が油膜の上に浮いた状態であり、人の力でも簡単に動く。両軸ともに永久磁石と電磁石を用いて、リニアモーターと同様の仕組みで動きを精密に制御している。その結果、追尾精度は約0.1秒角[1)]である。

世界最大級の滑らかな主鏡

すばる望遠鏡の主鏡は超低膨張ガラス（ULE）でできており、温度変化によって形状が変化しない。物理直径8.3メートル、観測に用いる有効口径8.2メートルの主鏡は、一枚鏡の望遠鏡としては世界最大級であり、天体からの光を集める能力は人の目の130万倍以上である。主鏡の鏡面は平均誤差0.014マイクロメートル[2)]、人の髪の毛の5000分の1の精度で研磨されており、例えば主鏡を関東平野または四国の半分の大きさに拡大しても、紙一枚の厚さ程度の誤差しかない。主鏡は軽量化のため厚さがわずか20センチしかないが、重さは22.8トンあり、重力によって変形する。そこで、裏面に取り付けられた261本の「アクチュエーター」と呼ばれるロボットの指が、望遠鏡の姿勢変化に伴う主鏡の形状変形を補正し、どの方向を向いても最適な形状で天体観測ができるようになっている。アクチュエーター1本1本には、1円玉の重さ（1グラム）が感知できる力センサーがついている。主鏡の表面はアルミニウムでコーティングされ、可視光の波長での反射率は蒸着[3)]直後で最大91パーセントである。

このように、世界最大級の一枚鏡、高い鏡面精度と形状補正、そして望遠鏡の追尾精度が合わさって、すばる望遠鏡はシャープな星像の天体画像を撮ることができる。実際の解像度は、大気が安定しているマウナケア山頂域とはいえ多少の揺らぎがあり、星像は中央値0.6秒角、補償光学という技術を使って大気揺らぎを補正すると、一桁良い0.06秒角（波長2マイクロメートルの場合）を実現している。これは、富士山頂に置いたコインを東京都内から見分けられる解像度（視力）である。

図1：すばる望遠鏡は（1）主焦点、（2）ナスミス焦点（可視光）、（3）ナスミス焦点（赤外線）、（4）カセグレン焦点の4つの焦点に観測装置を設置することができる。観測装置は、波長や撮像・分光などの観測方法によって使い分ける。

4つの焦点

すばる望遠鏡は多機能な望遠鏡で、主焦点、カセグレン焦点、光学ナスミス焦点、赤外ナスミス焦点の4つの焦点を有する［図1］。観測目的に最適化された装置が用意されており、これらの焦点を使い分けることで多様な観測に対応する[4)]。

図2：すばる望遠鏡を上端から見た写真。青色の大きな円形の構造物（トップリング）と黒色の4本の鋼鉄の板（スパイダー）で中央にある主焦点ユニットを支える。下の方に見える丸い大きな鏡が主鏡。

カセグレン焦点は装置交換が容易、ナスミス焦点は重い観測装置の搭載が可能という長所がある。一方、すばる望遠鏡の最大の強みは、広い視野で観測できる主焦点に装置を搭載できる点である［図2］。主焦点は迷光と呼ばれる、望遠鏡内外で発生する不要な光の散乱に弱い上、短い焦点距離で広い視野を実現するための補正光学系の設計が難しく、装置開発に高い技術を要する。さらに望遠鏡の先端に数トンにも及ぶ重い観測装置を取り付けるため、望遠鏡全体を頑丈に製作する必要がある。そのため、8メートル級の大型望遠鏡で主焦点装置を搭載しているのは、南米チリに建設中（2025年3月現在）の米国ベラ・ルービン天文台のLSSTを除いて、すばる望遠鏡が世界唯一である。すばる望遠鏡は超広視野主焦点カメラ、ハイパー・シュプリーム・カム（Hyper Suprime-Cam; HSC）の先代の主焦点カメラ、シュプリーム・カム（Suprime-Cam）の搭載を前提として設計されたため、ほかの8メートル級の望遠鏡と比較すると筐体は太く大きく、かなり頑丈に製作されている［図3］。この頑丈な望遠鏡筐体によって2013年から稼働している、直径1.5度、満月9個分の視野を誇るHSCの搭載、さらに、2025年から本格稼働した超広視野多天体分光器プライム・フォーカス・スペクトログラフ（Prime Focus Spectrograph; PFS）の主焦点装置の搭載を可能にしている。

1）1秒角は、1度の3600分の1。
2）1マイクロメートルは、1ミリメートルの1000分の1。
3）184-185ページ
「すばる望遠鏡の保守作業：主鏡の再蒸着」参照。
4）12-17ページ「すばる望遠鏡の観測装置」参照。

図3：観測開始を待つすばる望遠鏡。ほかの8メートル級の望遠鏡と比較して筐体は太く大きく、かなり丈夫に製作されている。

すばる望遠鏡の観測装置

服部 尭（国立天文台ハワイ観測所）

すばる望遠鏡には、広い視野の観測に適した主焦点、装置交換に適したカセグレン焦点、大型の観測装置の設置に適した2つのナスミス焦点と、4つの焦点がある[1)]。目的や天体に応じて様々な手法で観測できるよう、それぞれの焦点には、その特性を生かした装置が備えられている。観測装置年表（16–17ページ）に示した通り、1999–2000年の観測開始時から多様な観測装置を備え、時代とともに、より広く、より深く、より詳細に宇宙を探求できるよう機能を強化した装置へとバトンをつないでいった。ここでは、多彩な天文学研究を支えるすばる望遠鏡観測装置のキーワードを紹介する。

可視光から中間赤外線まで

すばる望遠鏡には、人間の目に光として感じる可視光と、目には見えない赤外線（可視光より長い波長）を観測する装置がある。赤外線は、波長が短い順に近赤外線、中間赤外線、遠赤外線に分類される。遠赤外線は地上まで届かないので、すばる望遠鏡は、近赤外線、中間赤外線用の観測装置を有する。太陽のような恒星の多くは、可視光で観測できるが、ガスやダスト（塵）に深く埋もれて可視光では見えない星形成の現場では、赤外線での観測が力を発揮する。宇宙膨張に伴い、天体の発する光の波長が伸びて観測される遠方宇宙[2)]でも赤外線観測が不可欠である。中間赤外線は惑星などの低温の天体の温度に敏感であるため、温度分布や時間変化の測定に使われることがある[3)]。ただし赤外線には、大気吸収によって観測できない波長があったり、地球大気の放射によって空が明るかったり、暗い天体の観測には不利な条件もある。その一方で、可視光に比べて月明かりの影響を受けにくいため、満月前後は赤外線観測、新月前後は可視光観測と棲み分けられる。

すばる望遠鏡の可視光の装置には全て電荷結

図1：HSCの116個のCCD。このCCDで満月9個に相当する広視野を実現している。

図2：PFSのファイバーの端面を下から見た写真。六角形の形をした視野の中に約2400本のファイバーが並んでいる。視野の端で赤く見えているのはガイド用のカメラ。

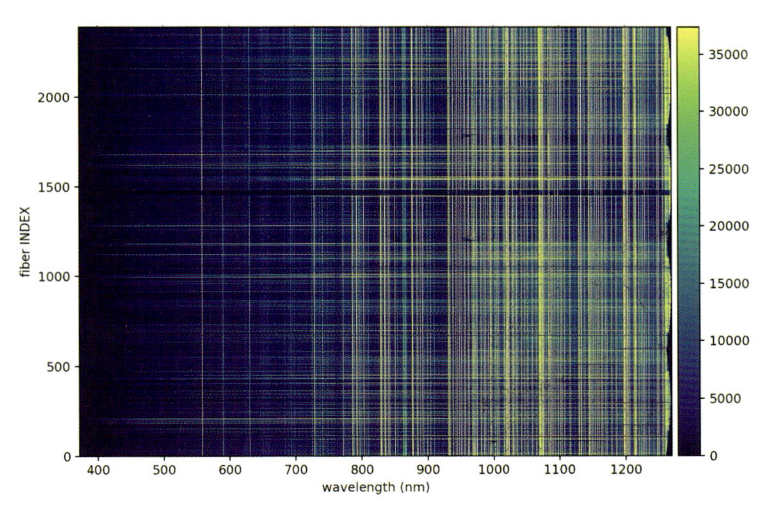

図3：PFSの試験観測で取得された約2400本のスペクトル。水平方向に伸びる1本1本が、異なる天体のスペクトル。

合素子CCD（Charge Coupled Device）が用いられており、観測できる波長は約1000ナノメートル[4]以下に限られる。それよりも長い波長を観測する赤外線の装置では、観測したい波長に合わせて異なる半導体を用いた検出器を使用している。赤外線観測では、背景雑音を下げるために装置本体を冷却する必要がある。

撮像と分光、どちらも効率良く

天体観測には大きく分けて、天体の形状や明るさを調べるために天体画像を撮る「撮像観測」と、天体の性質をより詳しく調べるために光を波長に分けて「虹」（スペクトル）をとる「分光観測」の2種類がある。すばる望遠鏡は1999年の初観測以来、0.5度角という満月の見かけの大きさに匹敵する視野を持つ可視光の主焦点カメラSuprime-Camを搭載し、広視野を生かして宇宙を探査してきた。2013年からはその後継機といえる超広視野主焦点カメラ、ハイパー・シュプリーム・カム（HSC）が稼働している。HSCは主焦点に116個のCCDを敷き詰めることで、直径1.5度という、満月9個分に匹敵する視野を持つ［図1］。お隣の銀河であるアンドロメダ銀河のほぼ全体を一度に観測できる視野の広さは、ほかの8メートル望遠鏡と比べると桁違いだ[5]。HSCは、8.2メートルの主鏡による大集光力、マウナケアの安定した大気と高性能の光学系による高い空間解像度、主焦点に配置することによる広視野を同時に実現した、すばる望遠鏡ならではの撮像装置と言える。

分光観測を効率良く行うためには、同時に複数の天体のスペクトルを取得できる多天体分光が望ましい。可視光では2000年から微光天体分光撮像装置FOCASが、赤外線では2006年から多天体近赤外撮像分光装置MOIRCSが、一度に40から50天体の分光観測を実現してきた（FOCASやMOIRCSのように、分光と撮像の両方に対応できる観測装置もある）。そして2025年に、一度に約2400天体の分光観測ができる超広視野多天体分光器PFSが本格稼働した。PFSは主焦点に約2400本のファイバーを持ち、そのファイバーを通ってきた光を複数の分光器に入れて波長に分けることで天体のスペクトルを取得する［図2、3］。HSCなどによる撮像観測で見つかった天体の位置情報を使ってファイバーを天体の位置に正確に配置する。分光観測では、天体までの距離、運動状態、物理状態、組成といった、撮像観測では分からない情報を得ることができ、重要な研究手段の1つとなっている。すばる望遠鏡の分光装置の中には、可視光の高分散分光器（HDS）や赤外線ドップラー装置（IRD）のように、波長をより細かく分けることによって詳細な情報を得ることを目的とするものもある。

リアルタイムで大気揺らぎを補正

HSCやPFSは、すばる望遠鏡の主焦点によって実現される広い視野を利用した装置だが、一方で大気による星像の乱れをリアルタイムに補正し、高い空間解像度を得ることを目的とした装置も存在する。このような技術は補償光学（Adaptive Optics; AO）と呼ばれ、星像の乱れを測定する波面センサーと測定した乱れを補正する可変形鏡によって構成される。すばる望遠鏡では2000年から稼働していた36素子波面補償光学装置が、2006年に188素子の波面センサーを用いたAO188にグレードアップした。

すばる望遠鏡は8.2メートルの主鏡による高い集光力と、補償光学装置、そして明るい恒星からの光を遮ってすぐ近くの暗い天体を検出する高コントラスト観測を実現するコロナグラフ[6]を組み合わせて、若い恒星の周りで惑星が生まれる現場を捉えることに成功している[7]。近年は、AO188の後段に2000素子の可変形鏡を配置してさらに高次の大気補正を行う極限補償光学装置（SCExAO）が太陽系外惑星の直接撮像観測などで活躍している［図4］。AO188は現在、3000素子のシステム（AO3k）へのアップグレードが進められており、さらに高い補正性能を安定して出せるようになると期待されている。

高い空間解像度を得られる補償光学にも弱点がある。その効果は、大気揺らぎを測定するために用いる明るい星（ガイド星）の近くに限られてしまうのだ。それを克服するために使用するのがレーザーガイド星で、望遠鏡から波長589ナノメートルの黄色いレーザーを照射し、上空大気のナトリウム層による反射を利用して人工的な星を作るものである。このシステムも2022年に従来の4.5ワットのレーザーから20ワットにアップグレードされ、レーザーガイド星の明るさが大きく改善されている［図5］。

このように、より詳細に宇宙を探求したいという研究者の好奇心が、より広視野の撮像観測、補償光学装置の精度アップ、分光で一度に観測できる天体数の増加、高い波長分解能での分光観測の実現など、装置のアップグレードを実現してきた。2020年代後半には、赤外線での広視野高解像度観測を実現する観測装置が稼働予定である[8]。

1） 10–11ページ「すばる望遠鏡の構造」参照。
2） 114ページ「赤方偏移」参照。
3） 167–168ページ参照。
4） 1ナノメートルは、1マイクロメートルの1000分の1、1ミリメートルの100万分の1。
5） 24–25ページの掲載画像参照。
6） 157ページ「すばる望遠鏡で探る惑星系が生まれる現場：補償光学とコロナグラフ装置の進化」参照。
7） 156–161ページ「すばる望遠鏡で探る惑星系が生まれる現場」参照。
8） 198–199ページ「すばる望遠鏡　これからの役割」参照。

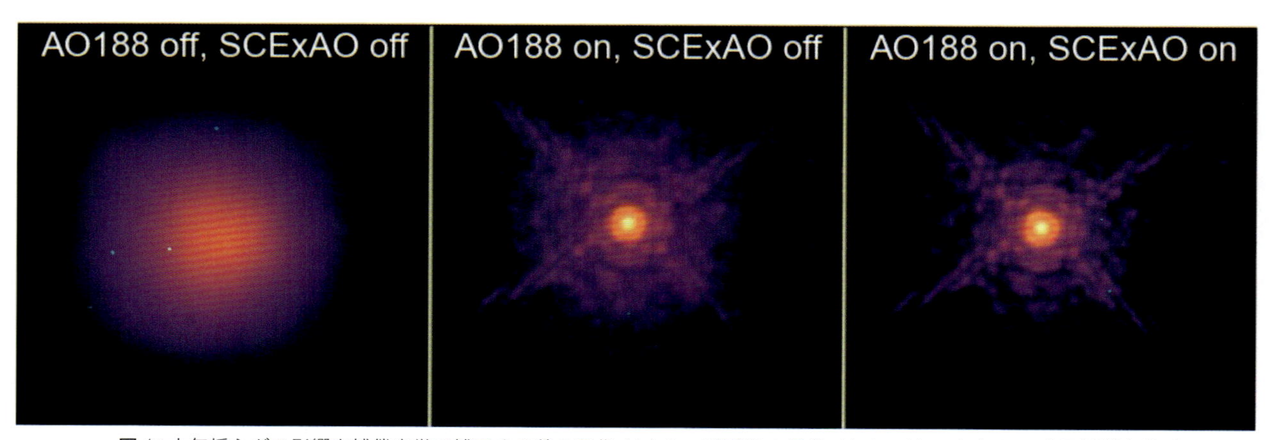

図4：大気揺らぎの影響を補償光学で補正する前の星像（左）と、補正後の星像（中央と右）。中央は188素子補償光学系（AO188）による補正後の星像。右はさらにSCExAOによる補正を加えた後の星像で、中央の画像に比べて淡く広がった成分が減少しているのが分かる。

図5：すばる望遠鏡ドーム内から撮影した、20ワットの明るいレーザー射出の様子。2022年3月撮影。

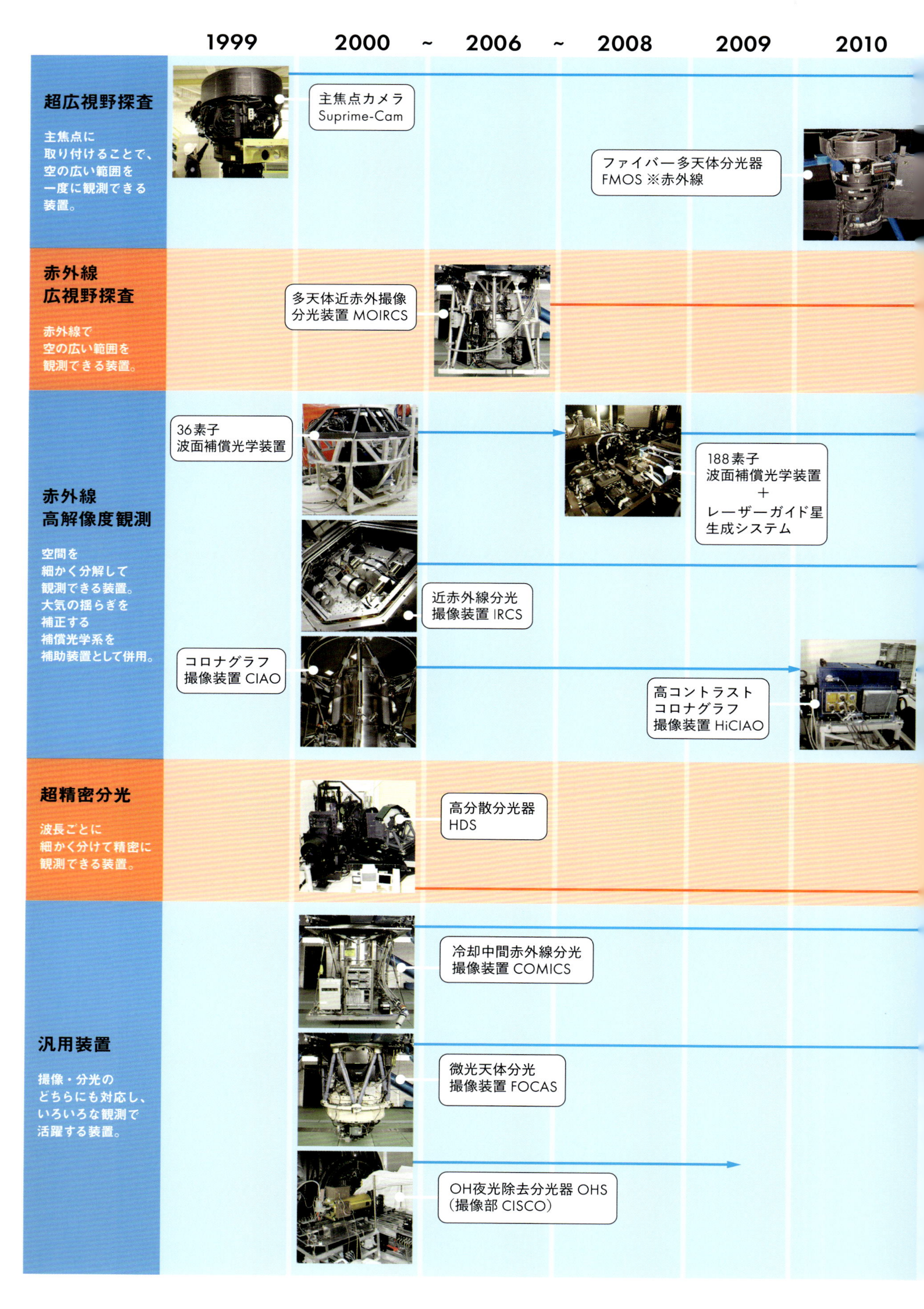
1999
2000
~
2006
~
2008
2009
2010
超広視野探査
主焦点に取り付けることで、空の広い範囲を一度に観測できる装置。
主焦点カメラ Suprime-Cam
ファイバー多天体分光器 FMOS ※赤外線
赤外線 広視野探査
赤外線で空の広い範囲を観測できる装置。
多天体近赤外撮像分光装置 MOIRCS
赤外線 高解像度観測
空間を細かく分解して観測できる装置。大気の揺らぎを補正する補償光学系を補助装置として併用。
36素子 波面補償光学装置
188素子 波面補償光学装置 ＋ レーザーガイド星生成システム
近赤外線分光撮像装置 IRCS
コロナグラフ撮像装置 CIAO
高コントラストコロナグラフ撮像装置 HiCIAO
超精密分光
波長ごとに細かく分けて精密に観測できる装置。
高分散分光器 HDS
汎用装置
撮像・分光のどちらにも対応し、いろいろな観測で活躍する装置。
冷却中間赤外線分光撮像装置 COMICS
微光天体分光撮像装置 FOCAS
OH夜光除去分光器 OHS (撮像部 CISCO)

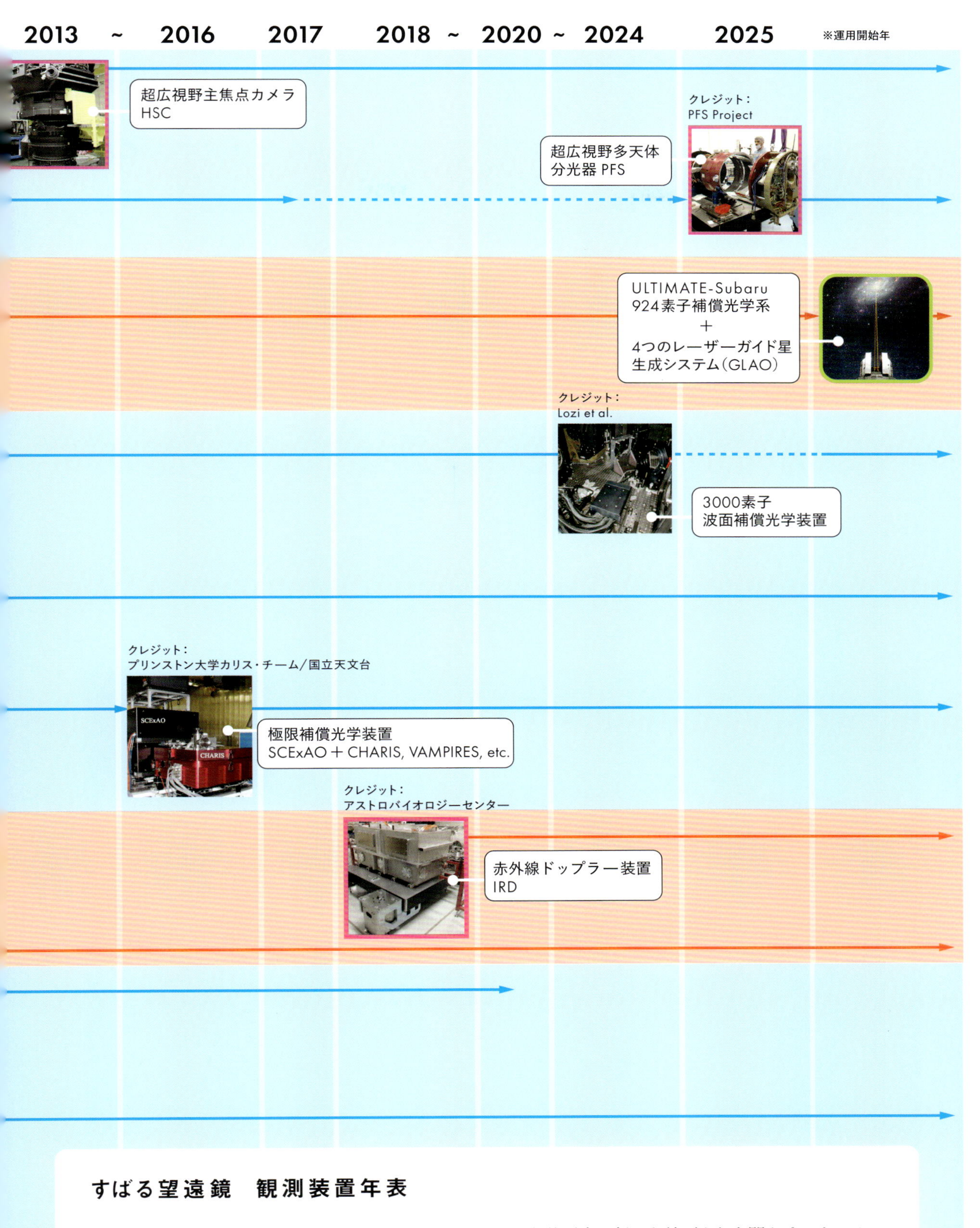

すばる望遠鏡　観測装置年表

2022年から始まった、望遠鏡の機能を大幅に強化し、天文学研究に新たな地平を切り開くプロジェクト「すばる2」の4つの主力装置の特長「超広視野探査」「赤外線広視野探査」「赤外線高解像度観測」「超精密分光」につながる装置と、多目的で活躍する汎用装置の進化を図式化した。

ハイパー・シュプリーム・カムとすばる戦略枠プログラム

田中賢幸（国立天文台ハワイ観測所）

2014年3月、ハイパー・シュプリーム・カム（Hyper Suprime-Cam; HSC）すばる戦略枠プログラム（HSC-SSP）が始動した。これはすばる望遠鏡の実に330晩を用いた、ハワイ観測所史上最大の観測プログラムの1つである。日本の天文学研究者コミュニティーと台湾、そしてプリンストン大学との国際コラボレーションで、HSCの広視野観測能力を生かし、広い天域を深くシャープに撮像することで、太陽系内天体から遠方銀河、さらに宇宙論までと極めて幅広い研究目標を掲げた野心的なプログラムである。

HSC-SSPでは、観測領域の広さと深さの異なる3つの探査観測を計画・実行した。これらの探査観測はお互いを補完するような関係にあり、幅広い科学成果を達成するための鍵となるものであった。さらに、一部の領域では観測スケジュールを工夫することで、超新星のように時間とともに変光する天体を捉えたデータも取得している。得られたデータは大規模計算機を用いて定期的に処理され、サイエンスに適した処理済みのデータがコラボレーションに公開されてきている。データ処理については巻末資料編[1)]も参照されたい。

日本天文学会の発行する欧文研究報告（PASJ）の2018年特別号にHSCの初期成果がまとめられた。当初の目的通り、非常に幅広いサイエンス

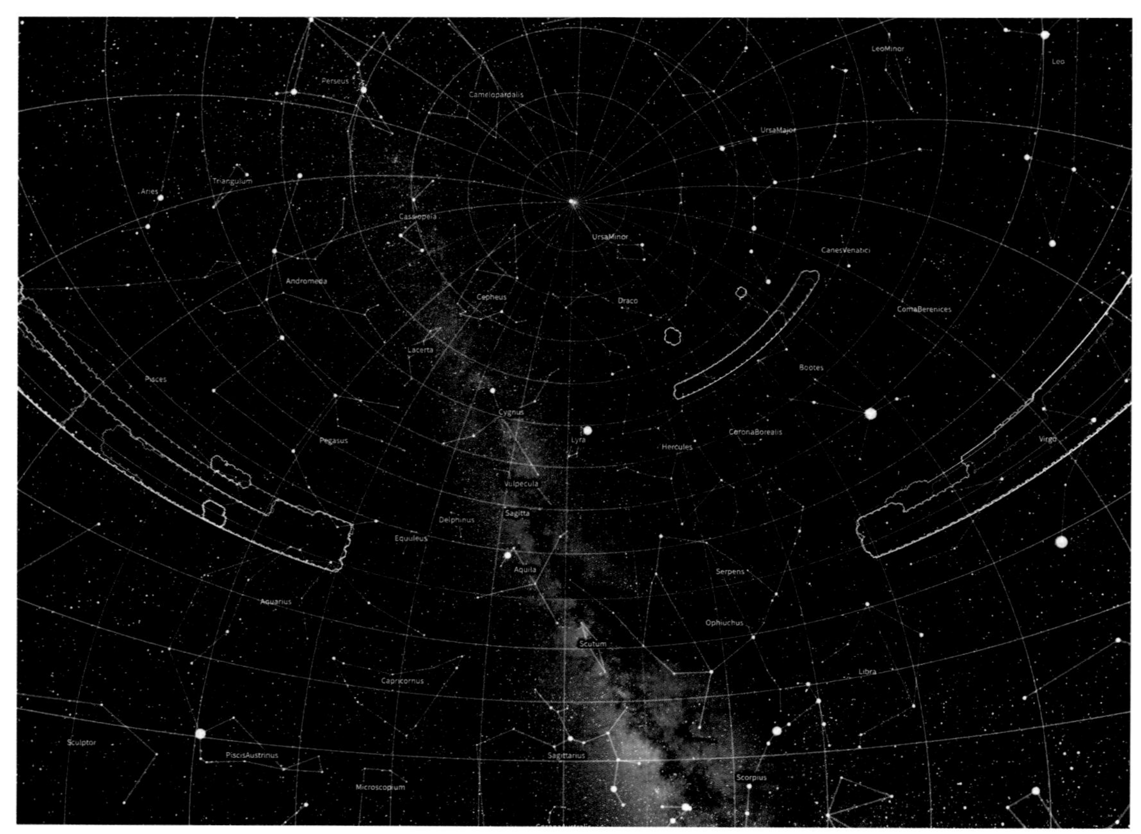

図1： HSC-SSPでは大量の画像データを可視化するために、hscMapと呼ばれる専用のツールを開発した。これがそのツールで、図中で色付けされた矩形領域がHSC-SSPの探査領域である。この領域の中にズームインしていくと、HSCが写した数えきれない天体が姿を現す。実際の研究の現場で使われる、非常に有用なツールである。

テーマが並び、かつインパクトのある内容になっている。余談ではあるが、この後PASJのインパクトファクター（平均引用数）が跳ね上がったのは、この特集号のおかげのようである。処理済みデータはHSCコラボレーションだけではなく、世界中の天文学者に向けても公開してきており、現在までに数多くの科学論文が世界中の研究者によって発表されてきている。

HSC-SSPは2022年1月に観測を完了した。取得した全データの処理を行い、コラボレーション向けの最終データ公開が2024年7月になされた。日本コミュニティーを挙げたこの大規模観測の1つの大きなマイルストーンだ。その最終データを用いた研究もまさに最後の一踏ん張りという段階に来ており、総まとめの科学成果が発表される日も近いだろう。

HSCはこの戦略枠プログラムだけではなく、一般共同利用観測としても広く使われている。本書で紹介する画像の多くは、HSCデータを元にしたもので、戦略枠プログラムの画像もあれば、一般共同利用の画像を用いたものもある。いずれも迫力のある画像ばかりだ。HSC運用開始から10年が経つが、その間にすばる望遠鏡が観てきた宇宙の一端をお楽しみいただきたい。

1）190–193ページ「天体画像の生成」参照。

図2： HSCの広視野補正光学系。下から見えている第一レンズは直径82センチメートルという大きさで、光学系全体で高さが1.7メートルになる。一緒に写っている人の姿と比べると分かるように、中に人がすっぽりと入ってしまう大きさだ。この大きさにもかかわらず、全体が極めて高精度に作られており、HSCの高い画質を実現している。

図3： 2018年5月に米国プリンストン大学において開催された、HSCコラボレーション会議での集合写真。

日没の空に浮かぶ紫金山・アトラス彗星と天文台群

銀河の世界

Galaxies

宇宙は銀河であふれている。超広視野主焦点カメラ、ハイパー・シュプリーム・カム（HSC）で得た広大な宇宙画像には、数えられないくらいの銀河が写り込んでいる。

その形は多種多様。ラグビーボールのように丸く、はっきりとした構造が見られない楕円銀河もあれば、恒星がパンケーキのような円盤状に集まった渦巻銀河もある。その中間タイプのレンズ状銀河もある。私たちが住む天の川銀河（銀河系）も、渦巻銀河の1つである。渦巻銀河の円盤は、地球から見える角度によって渦巻構造（渦状腕）が見えたり、ダスト（塵）が濃く集まったダストレーン（暗黒帯）が見えたりする。さらには、くっきりと渦状腕が見える銀河と、腕とそうでない場所の区別がはっきりしない銀河がある。

銀河の色もいろいろである。恒星の材料となるガスやダストが豊富に存在する渦巻銀河の円盤では、活発な星形成活動が行われている。そのため、円盤の中でも特に渦状腕は、若くて青い大質量星からの光で青っぽく見えることが多い。一方で渦巻銀河やレンズ状銀河の中心部や楕円銀河は古い星で構成されるため、赤っぽい色をしている。青い大質量星は寿命が短く、星形成活動が止まると赤い星ばかりが残るからだ。

人間に都会好きと田舎好きがいるように、銀河が密集した銀河団にある銀河と、過疎地にポツンと存在する銀河がある。密集地には楕円銀河が多く、過疎地には渦巻銀河が多く、地域性が見られる。このように、銀河も形、色、存在する場所に個性がうかがえる。

ここでは、すばる望遠鏡が口径8.2メートルの大きな「眼」で鮮明に捉えた、個性豊かな銀河の姿を紹介する。私たちの住む銀河を外から眺めることはできないが、別の銀河を知ることで、天の川銀河の姿を想像していただければ幸いである。

臼田-佐藤功美子（国立天文台ハワイ観測所）

22ページ：**棒渦巻銀河 NGC 521**

星座：くじら座　距離：2.4億光年
観測装置：HSC

渦巻構造を真正面から眺めている銀河である。中心から、膨らんで星が分布するバルジ、その周りでダスト（塵）が環状に集中して暗く見えるダストリング、星がつくる棒構造、そして外側に大きく広がる渦巻構造が鮮明に見える。渦巻構造の中には、ダスト（塵）が銀河円盤内に集積して濃くなっているダストレーン（暗黒帯）もよく確認できる。中心部のバルジや棒構造は赤みを帯びており、若い星々が多い渦巻部分は青みがかっているなど、色の違いも顕著だ。私たちが住む天の川銀河（銀河系）も棒渦巻銀河だと考えられているが、外から観測できれば、このような姿をしているのだろうか。

アンドロメダ銀河 M31

星座：アンドロメダ座　距離：250万光年
観測装置：HSC

アンドロメダ銀河は、私たちの住む天の川銀河（銀河系）に最も近い渦巻銀河であり、ともに局所銀河群と呼ばれる銀河の集団を構成している。また、肉眼で見える最も遠い天体でもある。この画像は、HSCのファーストライト（初観測）で撮影された。アンドロメダ銀河は、日本やハワイから見える銀河の中では見かけの大きさが最大で、これまで8メートル級の望遠鏡ではその全体を一度に捉えることができなかった。しかし、満月9個分の広視野を持つHSCを開発することによって、すばる望遠鏡はアンドロメダ銀河のほぼ全体を1視野で捉えることに成功した。すばる望遠鏡の広視野探査性能を証明する1点である。

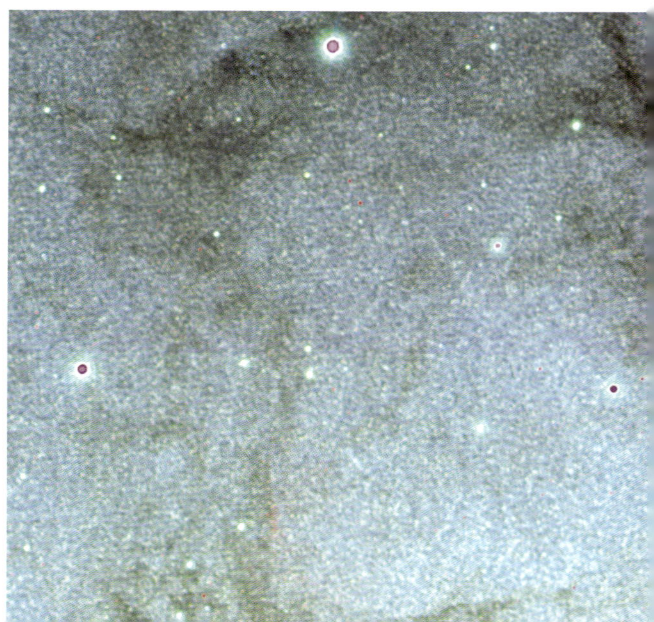

前ページのアンドロメダ銀河の一部を拡大した画像。赤っぽく見える部分は、最近星が生まれた領域だ。星形成や超新星によって周囲の水素ガスが電離されて赤く輝いている。青みを帯びているのは若い星々だ。HSCではアンドロメダ銀河のほぼ全体が1視野で捉えられていると同時に、画像を拡大すると銀河内にある星の1つ1つが分離して写し出されていることが分かる。この広い視野とシャープな星像こそが、すばる望遠鏡とHSCの組み合わせで実現される最大の特長だ。

渦巻銀河 NGC 3338

星座：しし座　距離：7600万光年
観測装置：HSC

私たちの住む天の川銀河（銀河系）はどのような銀河なのか。この問いに答えるためには、天の川銀河に似たほかの銀河を調べることが重要だ。NGC 3338は天の川銀河とほぼ同じ質量を持つと考えられている。この銀河の周囲にはどれくらいの数の衛星銀河（主銀河に付随する小型の銀河）が存在するのかを明らかにするため、HSCの広視野・高感度を生かした調査が行われた。その結果、候補天体も含めて約20個の衛星銀河がこの銀河の周りで発見されている。

渦巻銀河 NGC 958

星座：くじら座　距離：2.2億光年
観測装置：HSC

斜めを向いた渦巻銀河で、はっきりとした2本の腕のほかにダストレーンと呼ばれる暗い帯も目立つ。ダストレーンの正体は光（主に紫外線）を吸収するダスト（塵）が帯状に集まったものであり、吸収したエネルギーを赤外線の波長で再放射する。NGC 958は盛んに星を生み出しており、ダストによる光の吸収・再放射によって赤外線の波長で極めて明るい「高光度赤外線銀河」となっている。周囲にいくつかの銀河が群がっているように見えるが、直接関係している銀河なのか、前景・背景の銀河なのかは定かではない。

銀河の多様性

田中賢幸（国立天文台ハワイ観測所）

ハッブル分類

初期の宇宙において物質はほぼ一様に分布をしていた。しかし、完全に一様だったわけではなく、そこにわずかな密度のムラがあった。密度の高いところにより物質が集まってムラが成長し、時間とともにはっきりとした構造を宇宙に作り出した。密度のとりわけ高いところではある時に星が生まれ、そしてそれが集団を成し銀河を形作った。その後、長い時間をかけて銀河は少しずつ成長し、現在の宇宙で見られる銀河宇宙を成した。

銀河の色や形は実に多様だ。渦を巻いたような形の銀河もあれば、渦を持たないぼんやりとした銀河もある。渦巻きの腕はしばしば青い色をしているが、中心にある明るい部分はオレンジ色（赤色）をしていることもあるだろう。ぼんやりとした銀河は全体的にオレンジ色だ。これらの銀河は整った対称的な形をしていることが多いが、大きく形の崩れた銀河もいる。宇宙には様々な銀河がいるのだ。このような銀河の多様性はどのように生まれたのだろうか？　銀河の育つ過程でそのような多様性が生まれたと考えられているが、詳細は未だ完全には理解されていない。天文学者を長年悩ませている問題の1つである。

天文学には限らないが、多様性を調べるための常套手段の1つとして「分類」がある。身の回りの動物や植物が、それらの特性から細かく分類されていることはご存知の通りである。天文学者も銀河に対して分類を行ってきた。様々な分類手法が存在するが、最も広く使われている分類はハッブル分類だろう。宇宙が膨張をしていることを発見した一人として著名なアメリカの天文学者、エドウィン・ハッブルが提唱した分類法である。下に示した模式図がそれに当たる。

この分類によると、銀河は大別して渦巻きのあるものと、そうでないものに分かれる。渦巻きを持った銀河は渦巻銀河と分類され、その中心部分に棒のような構造があるか否かで、普通の渦巻銀河か棒渦巻銀河に分けられる。（棒）渦巻銀河にはバルジと呼ばれる明るい楕円体構造が中心にあることが多い。その外側には円盤構造があり、その円盤の中に渦巻きが存在している。

一方、渦巻きを持たない、ぼんやりとした銀河

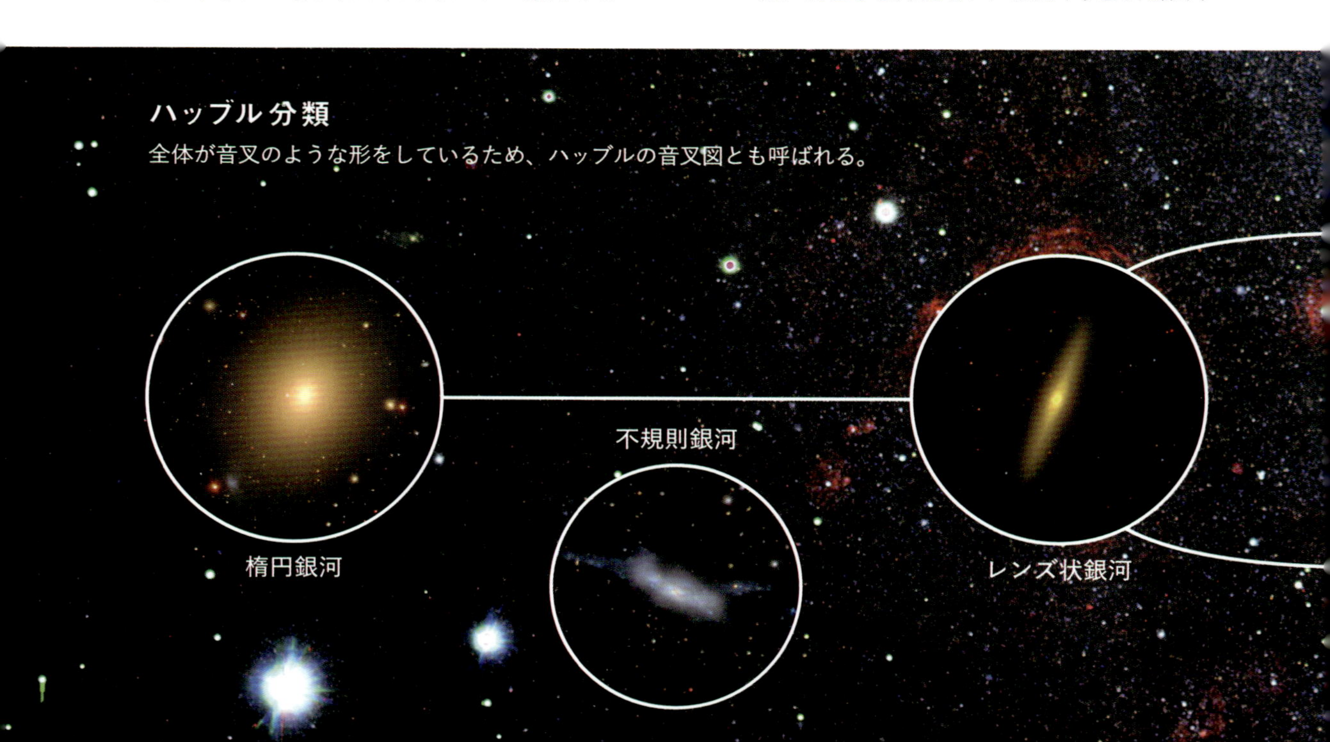

を楕円銀河と呼ぶ。楕円銀河はバルジだけの銀河と考えて良いだろう。そして、渦巻銀河と楕円銀河の中間タイプとしてレンズ状銀河がある。これらの銀河は通常整った形をしているが、不規則な形をした銀河も宇宙にはたくさんあり、それらは不規則銀河と分類される。ハッブル分類は銀河の基本的な形態をよく表すものとして、現在でも研究で広く用いられている。

銀河の色と銀河進化の謎

ハッブル分類は銀河の形の分類であるが、上で述べたように、銀河の形と色にはとても強い相関がある。ハッブル分類で左から右に行くに従って、銀河の全体の色はオレンジ（赤）から青へと変化をする。つまり、銀河の色と形には強い相関があるのだ。銀河の色は何を意味しているのだろうか？

銀河は星の集団であることを思い出してみよう。銀河の色は、すなわち銀河を成している星々の色である。星の色は星の温度を表していて、重い星ほど温度が高く青く見える。重く青い星は寿命が短いため、青い星がいるということは、銀河の中で活発に新しい星が生まれていることを意味している。一方、オレンジ色（赤色）はその逆だ。温度が低く赤い色をしている星は寿命が長い。銀河が長い間星を作らないと、寿命の短い青い星が死に絶え、寿命の長い赤い星だけが残るのである。すなわち、赤い色は銀河が長い間星を作っていないことを意味している。

銀河の形と新しい星の生まれる頻度には密接な関係があるのだ。青い渦巻銀河では活発に星が生まれていて、銀河全体が青い色をしている。一方、楕円銀河は長い間星を作っておらず、全体的にオレンジ色（赤色）をしている。星の集団である銀河にとって、色や形、新しい星が生まれる頻度は、銀河を特徴づける非常に重要なパラメーターである。こう考えてみると、銀河の多様性を少し科学的に解釈できるだろう。

問題はこの多様性の起源である。多くの研究者がこの謎に挑んできているが、万人が納得する明快な答えはまだないというのが現状だろう。世界中の望遠鏡が毎夜、宇宙の観測をし、銀河研究も加速度的にスピードを増している。研究者の努力により、いつしかこの謎が解き明かされることを期待したい。

本章の「銀河の世界」と「躍動する銀河」の節では、すばる望遠鏡の観た銀河宇宙を紹介する。是非、銀河の色・形の多様性に注目して欲しい。ここで紹介したまだ解き明かされていない銀河の謎も思い浮かべると、究極の自然の造形美をより一層お楽しみいただけることだろう。

渦巻銀河 NGC 748

星座：くじら座　距離：2.0億光年
観測装置：HSC

地球から見ると、銀河円盤が斜めを向いており、くっきりとした渦巻構造が美しい。銀河の内側から外側に向けての色のグラデーションは、含まれる星の年齢の違いを表している。赤色は年老いた星、青色は若い星が多いことを表している。渦巻銀河は円盤銀河と呼ばれることもあるが、このように斜めから見ると直径に対して厚みが非常に薄く、まさに星々が円盤状に分布していることがよく分かる。

渦巻銀河 NGC 4030

星座：おとめ座　距離：9600万光年
観測装置：HSC

円盤を正面方向から眺めている渦巻銀河であり、構造が非常に分かりやすい。立派な渦状腕が目立つほか、ダストレーン（暗黒帯）を見てとることもできる。いくつかの渦巻銀河を比較すると分かるように、一口に渦巻銀河と呼んでもその渦状腕の数や巻き方には個性がある。NGC 4030の渦状腕は特にはっきりとしており、このように明瞭な渦状腕を持つ銀河を「グランドデザイン渦巻銀河」と呼ぶことがある。逆に渦状腕がはっきりとしないものは「羊毛状渦巻銀河」と呼ばれる。渦の巻き方に注目して画像を眺めるのも面白いだろう。

渦巻銀河 NGC 7537

星座：うお座　距離：1.2億光年
観測装置：HSC

HSCの広い視野によって切り取られた宇宙の姿は壮大である。この画像で目立つのは、右下の2つの銀河、NGC 7537（右側）とNGC 7541（左側）であろう。これら2つの銀河は空の上で互いに16万光年ほど離れた銀河の対である。広い宇宙の中であっても、時折、銀河同士が出合うことがある。現時点では両者とも整った形をしているが、将来より接近をすると互いの重力で形が崩れていくと思われる。決して遠くない将来に2つの銀河は衝突し、1つのより大きな銀河へと成長していくのだろう。

渦巻銀河 M81

星座：おおぐま座　距離：1200万光年
観測装置：Suprime-Cam

M81は、天の川銀河（銀河系）と同じグループ、局所銀河群に属する銀河を除くと、私たちの銀河に最も近い渦巻銀河の1つだ。研究者たちは、この画像でM81の外側に淡く広がる構造（ハロー）を発見し、その中の個々の恒星を詳細に調べることに初めて成功した。その結果、M81のハローにある星の数は、天の川銀河ハローの星に比べると数倍も多く、重元素（天文学ではヘリウムよりも質量の大きな元素の総称）量が高いことが分かった。このような違いは、M81が天の川銀河よりもはるかに小さな銀河を多数飲み込んだことによるのかもしれない。一見、天の川銀河と似た渦巻銀河であっても、その形成の歴史は多様であることが分かる。

渦巻銀河 NGC 5211

星座：おとめ座　距離：1.8億光年
観測装置：HSC

NGC 5211は円盤を正面方向から見ている渦巻銀河である。典型的な渦巻銀河では渦状腕が銀河中心部とつながっているのに対して、この銀河には中心部と渦状腕との間にすき間が存在する。このようなリング状の渦状腕は擬似リングと呼ばれる。よく見ると中心部の渦状腕もリング状の見た目をしており、二重のリング構造となっている。内・外のリングがそれぞれ赤い色・青い色をしており、対比が面白い。

*リング銀河については90ページ「不思議なリング銀河の魅力」参照。

右：渦巻銀河 NGC 5301

星座：りょうけん座　距離：7000万光年
観測装置：HSC

渦巻銀河をエッジオン（円盤に対して真横）方向から見た姿である。銀河円盤全体に広がるダストレーン（暗黒帯）が際立っている。赤っぽい銀河中心部と青みを帯びた渦状腕とで大きく異なる色の対比が美しい。同じ渦巻銀河であっても、正面方向から見ているNGC 5211と比べると見た目の印象が大きく異なる。1つの銀河を異なる角度から見ることができないため、銀河の構造を理解するには、様々な方向を向いた銀河を観測して比べることが重要なのである。

ポツンと存在する渦巻銀河

広大な宇宙にポツンとひとり。棒渦巻銀河 IC 1010が孤独なのは偶然なのだろうか？

HSC画像には非常に多くの銀河が写り込んでいるが、これらの銀河の分布を詳細に調べて地図を描き出すと、宇宙には銀河団のように銀河が群れている場所と、銀河が少なくスカスカな場所があることが分かる。面白いことに、楕円銀河は銀河が群れている場所で、渦巻銀河はスカスカな場所で見つかりやすいことが知られている。つまり、銀河はその形態に応じて棲み分けをしているのである。このような棲み分けは「形態－密度関係」と呼ばれ、銀河の形成に周囲の環境が大きな影響を与えていることを意味する。人間の成長には環境が重要であると言われるが、実は銀河の世界でも同じことが言えるのである。

この棲み分けの起源には、銀河の成長段階が環境ごとに異なるという「生まれ」の違いの要素と、成長途中に外部から受ける影響が環境ごとに異なる（例えば銀河がたくさん存在する場所では銀河間の衝突が起こりやすい）という「育ち」の違いの要素の2つがあると考えられる。「生まれ」と「育ち」のどちらが重要なのかについてはいまだに決着がついておらず、研究者たちが盛んに議論を続けている。宇宙にポツンと存在する渦巻銀河は、もしかすると孤独だからこそ美しい渦巻構造を持つに至ったのかもしれない。

安藤 誠（国立天文台ハワイ観測所）

棒渦巻銀河 IC 1010

星座：おとめ座　距離：3.6億光年
観測装置：HSC

画像中央右に位置する銀河がIC 1010である。渦巻構造のほかに、中心部には棒状構造を併せ持つ棒渦巻銀河である。対称的で整った姿が美しい。HSC画像を引きで眺めると、IC 1010の周辺にはほかに目立つ銀河が存在しないことが分かる。渦巻銀河はこうしたポツンと孤独に存在するものが比較的多いことが知られており、銀河の姿と周囲の環境とのつながりを示唆している。

棒渦巻銀河 NGC 4123

星座：おとめ座　距離：6500万光年
観測装置：HSC

ほぼ正面を向いている銀河で、大きく広がった渦状腕が見事に見えている。渦状腕に沿って、緑色で示された星形成領域が並んでいる。星形成領域は水素ガスが放つ光Hα（エイチアルファ）で赤く見えるが、HSCのフィルター構成の都合上、緑色で表されている（59ページ参照）。
＊天体画像の色については、190–193ページ「天体画像の生成」参照。

左：棒渦巻銀河 NGC 4274 ほか

星座：かみのけ座　距離：4400万光年
観測装置：HSC

画像上部に位置するのがNGC 4274である。リングにも見える渦状腕を持つ均整のとれた棒渦巻銀河であり、ダストレーン（暗黒帯）がはっきりと見てとれる。画像下部に位置する3つの銀河は、右からNGC 4278、NGC 4283、NGC 4286である。渦巻銀河と楕円銀河の形の比較が面白い。これらの銀河はNGC 4274を中心として「かみのけ座Ⅰ銀河群」と呼ばれる小規模な銀河集団を成していると考えられており、画像外に位置するメンバーも含めると明るい銀河が10個以上集まっている。

中間渦巻銀河 NGC 941

星座：くじら座　距離：5500万光年
観測装置：HSC

淡く光る姿が美しいこの銀河は、中心部に棒状構造を持つ銀河と持たない銀河の中間的な姿をしていることから、「中間渦巻銀河」に分類される。中心部のふくらみであるバルジ構造が目立たず、また渦状腕がはっきりとしない「羊毛状渦巻銀河」（35ページ参照）でもあるため、儚げな印象を受ける。全体的に青い色をしており、中心部にはダストレーン（暗黒帯）が見られることから、盛んに星形成をしていることが分かる。この天体の周辺に群れているように見える小さな銀河は、実はずっと遠くにある背景銀河である。NGC 941が淡いため背景の銀河が透けて見えているのである。

楕円銀河 NGC 7458

星座：くじら座　距離：2.4億光年
観測装置：HSC

NGC 7458は明るく立派な楕円銀河であり、丸く綺麗な形をしている。楕円銀河は中心部が集中的に明るく、外側に向かって急激に暗くなり、渦巻銀河のような目立つ構造を持たない。全体的に赤みがかった色をしていることは、NGC 7458が古い星で構成されていることを示している。現在の宇宙で見つかる典型的な楕円銀河には、誕生から100億年以上もの時間が経過した非常に古い星が多く含まれていることが知られている。

ちょうこくしつ座矮小銀河

星座：ちょうこくしつ座　距離：30万光年
観測装置：HSC

私たちが住む天の川銀河（銀河系）の周りを、大小マゼラン銀河などの小さな衛星銀河が公転している。見かけ上の大きさが満月ほどのこの銀河もその1つで、望遠鏡で初めて発見された衛星銀河である。天の川銀河のような大きな銀河は、このような小さく暗い矮小銀河を多数飲み込みながら成長してきたと考えられている。そのため、矮小銀河の観測研究は天の川銀河の形成史を知る上で重要だ。

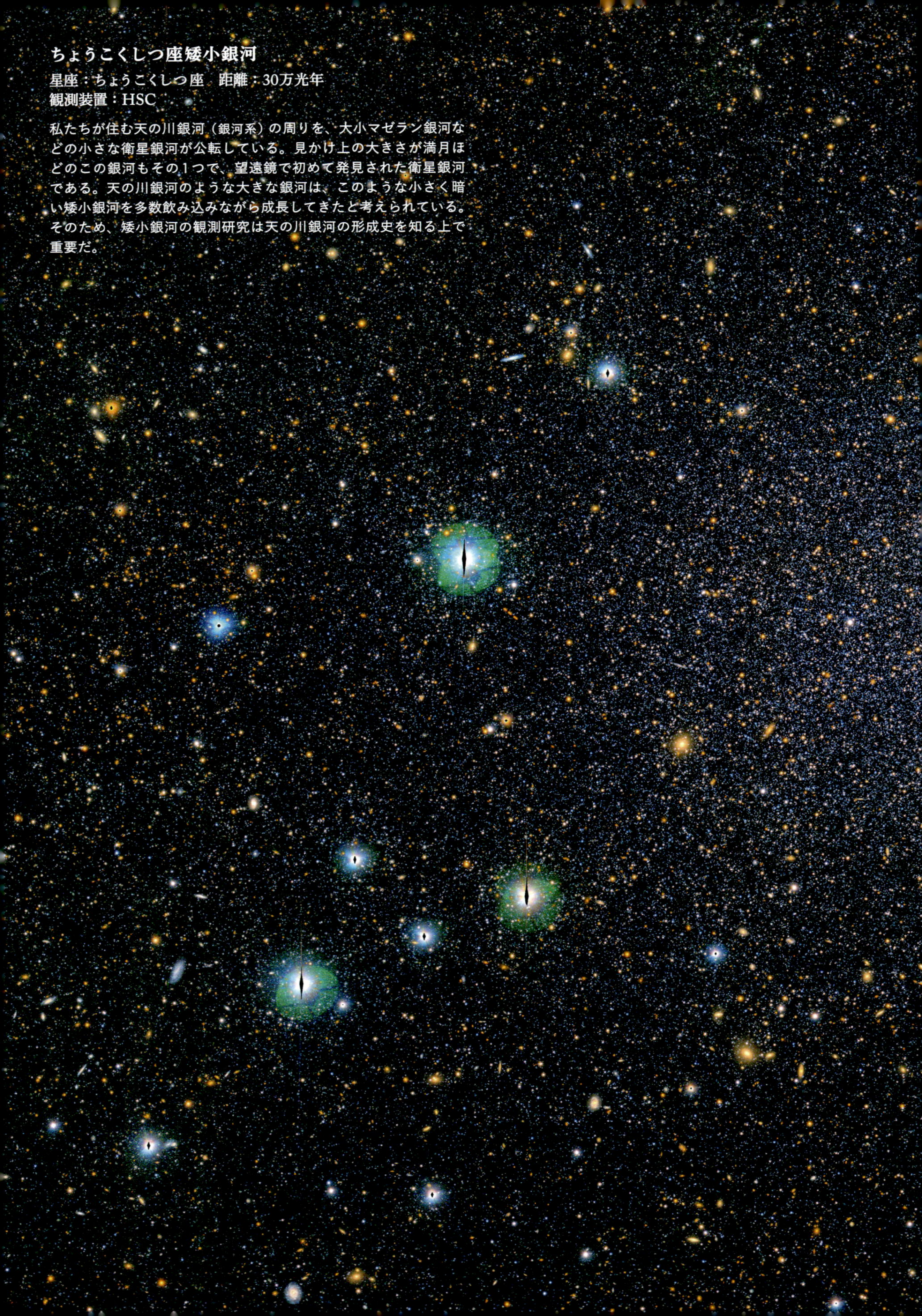

活動銀河 NGC 4388

星座：おとめ座　距離：6600万光年
観測装置：Suprime-Cam

銀河が重力により多数集まっている銀河団の中で、私たちの天の川銀河（銀河系）に最も近いのがおとめ座銀河団である。NGC 4388は、おとめ座銀河団にある渦巻銀河で、銀河中心核から膨大なエネルギーを放出している活動銀河に分類され、中心に超巨大ブラックホールがあると考えられている。銀河中心から、1万光年にわたる電離した水素ガスが放出されていることが知られていたが、すばる望遠鏡の観測で、この画像で左上の方向に広がる紫色や赤色で示した巨大な電離ガス雲が発見され、その広がりが11万光年にも及ぶことが分かった。

スターバースト銀河

スターバースト銀河は、星形成が爆発的に進行中であるという性質に基づいた分類名である。私たちの天の川銀河（銀河系）でも星が形成されているが、スターバースト銀河ではその数十倍から数百倍の勢いで星が生まれている。これまでの研究によれば、これは(1)星の原料のガスが豊富な環境で、(2)銀河同士の合体や重力相互作用によりガスが銀河に一気に落ち込むことにより、星が銀河規模で爆発的に誕生（スターバースト）したという、過渡的な状況を見ていると考えられている。

この際に大量に生まれた短命で重い星々は、すぐに超新星爆発を大規模に引き起こし、その莫大なエネルギーでガスを銀河外へ吹き飛ばす。この画像の赤いガスはその様子を捉えたものである。この現象は超新星で作られた様々な元素を銀河外に放出し、宇宙の化学進化を進めるという重要な役割も持っている。

ちなみに、どの銀河も過去に何度も大規模なスターバーストを経て成長したと考えられている。

田中 壱（国立天文台ハワイ観測所）

不規則銀河（スターバースト銀河）M82

星座：おおぐま座　距離：1200万光年
観測装置：FOCAS

M82は、M81（38–39ページ）を中心とする銀河群に属している。渦巻銀河のM81とは異なり、その形は不規則で、爆発的な星形成が起こっている銀河だ。この画像の中心から左上と右下の方向に青白く輝く部分が星の集団の銀河円盤である。この銀河に垂直な方向に広がるフィラメント状の赤い部分は、銀河から放出された高温ガスの流れ「銀河風」を、電離した水素ガスが放つ光Hα（エイチアルファ）で捉えたものだ。その広がりは、銀河の中心からそれぞれの方向に1万光年以上にわたる。

水平に伸びた筋

本書で多く取り上げているHSCによる画像には、明るい星から水平（または垂直）に伸びた筋が見えていることがある。巻末資料編[1]でも短く触れているが、それはHSCの用いているCCD（Charge Coupled Device）という検出器の特性である。CCDは光を電荷に変換し溜めることができるが、溜められる量には限界があり、その限界を超えると隣のピクセルに筋状に流れ出してしまう。それがあまり目立たないように、データ整約時に画像処理をするのであるが、完全にはなくならず、流れ出した電荷の痕跡が最終画像にも残って見えているのである。

こういった筋を作る天体は、天の川銀河（銀河系）の中の星がほとんどである。目立つのでついつい気になってしまうが、実際の宇宙の姿ではないことに留意されたい。

1）190–193ページ「天体画像の生成」参照。

田中賢幸（国立天文台ハワイ観測所）

左：不規則銀河（スターバースト銀河）M82

星座：おおぐま座　距離：1200万光年
観測装置：HSC

54–55ページと同じM82をHSCで撮影した画像だ。右上に伸びる青白い部分が銀河円盤、左上と右下に伸びるフィラメント状の構造が高温ガスの流れ「銀河風」だ。銀河風は、実際には赤いHα（エイチアルファ）なのだが、HSCのフィルター構成の都合上、緑で表されている。爆発的に星が生まれているこの銀河の中心部はダスト（塵）で覆われていて可視光では見通せない。一方、画像左には、青い星が薄い筋状に連なって並んでいる様子も見られる。銀河風の中で星が生まれたのだろうか。

スターバースト銀河 NGC 6240

星座：へびつかい座　距離：3.5億光年
観測装置：Suprime-Cam

NGC 6240は天の川銀河（銀河系）とほぼ同じぐらいの大きさの渦巻銀河が2つ合体した銀河で、もはや合体前の姿を留めておらず、全体が奇妙にねじれた形をしている。合体の過程で爆発的な星形成が誘発されたスターバースト銀河でもある。赤いフィラメント状の構造は銀河から吹き出す銀河風だ。スターバーストで大量に生まれた大質量星からの強力な紫外線や、それらの星々の超新星爆発によって、銀河中のガスが吹き飛ばされてしまう現象である。この画像の銀河風の構造を詳しく調べた結果、NGC 6240が合体し始めてから少なくとも3回のスターバーストが起こったことが明らかになった。

銀河に見られる赤い光

NGC 6822にたくさん見られる赤い光は、HⅡ（エイチツー）領域と呼ばれる、太陽の10倍以上の大質量星が生まれた現場である。誕生したばかりの恒星の周りにはその材料であるガスが残っており、高温の大質量星が発した紫外線で、主成分である水素ガスが電離状態になっている。

天の川銀河（銀河系）内にあるオリオン大星雲[1]では、トラペジウムを構成する若い大質量星からの紫外線によって電離された水素が、Hα（エイチアルファ）線と呼ばれる、電子と再結合する際に発する光で赤く光っているが、同様の現象がほかの銀河でも見られる。渦巻銀河では、銀河円盤の渦状腕内にガスが集中しており、そこで多くの大質量星が形成されている。そのため、渦状腕に沿ってHⅡ領域が多く見られる様子を、アンドロメダ銀河[2]やNGC 6946[3]などで確かめることができる。

参考までに、多くのHSC画像では、本来赤色のフィルターで撮られた画像が緑色で表示されている[4]。そのため、NGC 4030[5]やNGC 4123[6]などでは、緑色で表示されたHⅡ領域が渦状腕に沿って見えている。

左画像の一部の拡大図

1) 130–133ページ参照。
2) 24–27ページ参照。
3) 60–61ページ参照。
4) 190–193ページ「天体画像の生成」参照。
5) 35ページ参照。
6) 44–45ページ参照。

臼田-佐藤功美子（国立天文台ハワイ観測所）

不規則矮小銀河 NGC 6822

星座：いて座　距離：160万光年
観測装置：HSC

私たちが住む天の川銀河（銀河系）と同じ局所銀河群に属している銀河だ。アメリカの天文学者エドワード・エマーソン・バーナードが発見したことにちなみ、バーナード銀河とも呼ばれている。大きさは天の川銀河の10分の1ほどで全体的に淡い銀河だが、星形成領域を示す赤い光Hα（エイチアルファ）が際立っている。NGC 6822の不規則な形状は、ほかの銀河との接近や衝突の過程で、銀河の形が歪められたり、銀河の一部が引き剝がされた結果だと考えられる。広範に点在する星形成領域はその過程で生まれたのだろう。

渦巻銀河 NGC 6946

星座：ケフェウス座　距離：2000万光年
観測装置：Suprime-Cam

大学学部生を対象とした「すばる望遠鏡観測体験企画」に参加した学生が、主焦点カメラSuprime-Camの広い視野を生かして、渦巻銀河の外縁部まで撮影した画像だ。銀河円盤をほぼ正面から見ているため、どこで星が生まれているかを詳細に調べることができる。渦状腕に沿って並んでいる赤い点が、星形成領域（HⅡ領域）である。この画像からは、星の材料であるガスの密度が低く、本来星が生まれにくいと考えられていた銀河円盤の外縁部でも大質量の星が存在し、星が生まれていることが分かる。

*星形成領域（HⅡ領域）は59ページ「銀河に見られる赤い光」参照。

渦巻銀河 NGC 2403

星座：きりん座　距離：1100万光年
観測装置：Suprime-Cam

NGC 2403は、夜空では天の北極に近く、おおぐま座の熊の頭上辺りに位置する。多くの渦巻銀河には中心部に明るく膨らんだ「バルジ」という部分が存在するが、この銀河ではあまり目立たない。渦巻銀河はその中心部分に棒のような構造があるか否かで、普通の渦巻銀河か棒渦巻銀河に分けられるが、NGC 2403はその中間的な性質を持つ「中間渦巻銀河」に分類される。銀河円盤の中には、赤く光る星形成領域や、青く輝く若い星々が数多く見られることから、星形成が活発に行われていることが分かる。

棒渦巻銀河 NGC 7479

星座：ペガスス座　距離：1.1億光年
観測装置：Suprime-Cam

長い腕が大きなS字のような形をしている銀河だ。この画像は2017年5月、ファイナルライト（観測最終夜）を迎えたSuprime-Camが撮影した。Suprime-Camは1999年のファーストライト（初観測）以降、ハッブル宇宙望遠鏡の約200倍もの視野をもつ広視野カメラとして、数々の観測成果を挙げてきた。Suprime-Camで観測する最後の天体として、このカメラの開発責任者であり、銀河の形態研究を牽引してきた岡村定矩氏（現・東京大学名誉教授）が、1970年代に岡山天体物理観測所（現・国立天文台ハワイ観測所岡山分室）で観測したこの銀河が選ばれた。こうして、Suprime-Camはその役割を終えた。

エッジオン銀河（渦巻銀河）NGC 4244

星座：りょうけん座　距離：1500万光年
観測装置：HSC

NGC 4244は私たちの天の川銀河（銀河系）に比較的近い所にある渦巻銀河である。その距離の近さから、この銀河の個々の星が分解でき、恒星の性質に基づいた銀河年齢などの研究が可能な天体である。また、円盤をほぼ真横から見ているエッジオン銀河のため、銀河円盤の星々が鉛直方向にどう分布しているか、という構造研究の対象でもある。

エッジオン銀河

様々な形態を持つ銀河[1]の中で、楕円銀河はどの方向から見ても丸い形をしているのに対し、渦巻銀河の円盤は地球から見える角度によって、見え方が変わる。円盤を真正面から見て渦巻構造がはっきり確認できる「フェイスオン銀河」もあれば、円盤を真横から見ているため渦巻きが見えない「エッジオン銀河」もある。

私たちが住む天の川銀河（銀河系）は、円盤を内側から（つまり円盤を真横から）見ているので、エッジオン銀河である。

エッジオン銀河は、この画像のようにダスト（塵）やガスが濃く集まった円盤の中央に黒い帯状のダストレーン（暗黒帯）が見えるのが特徴である。

1）32–33ページ「銀河の多様性」参照。

臼田-佐藤功美子（国立天文台ハワイ観測所）

渦巻銀河 NGC 4045

星座：おとめ座　距離：1.1億光年
観測装置：HSC

明るい中心核から外に広がる2本の明瞭な腕を持つ銀河。銀河本体の右側には淡く広がる青い腕がうっすらと見える。中心の腕がここまで伸びているのかは分からないが、銀河の外縁部でも活発に星が生まれている様子がうかがえる。この銀河の下にもう1つの銀河が見られる（NGC 4045A）。一見、NGC 4045と重力相互作用しているように見えるが、実はずっと背後にある銀河で、地球から見てたまたま同じ方向にあるだけである。

銀河ペア NGC 3504とNGC 3512

星座：しし座　距離：8000万光年
観測装置：HSC

遥か遠方の背景銀河の中に浮かぶ美しい棒渦巻銀河と渦巻銀河のペア。実際の距離も近いとされるが、現在のところ、お互いに重力相互作用をしている兆候はない。右の棒渦巻銀河NGC 3504は中心核を貫く棒構造を、星形成リングが取り囲む美しい姿をしている。この銀河はスターバースト銀河（55ページ参照）としても知られており、棒構造とスターバーストとの関連を研究する上でも格好の研究対象である。一方、左の渦巻銀河NGC 3512は複雑に枝分かれした腕を持つ。同じ渦巻銀河でも形態が対照的で面白い。

活動銀河 M77

星座：くじら座　距離：4800万光年
観測装置：HSC

M77は、NGC 1068という名前でも知られる渦巻銀河だ。中心には太陽の1000万倍程度の超巨大ブラックホールが存在しており、銀河中心核から膨大なエネルギーを放出している活動銀河としても有名な天体である。私たちの天の川銀河（銀河系）から近くにある活動銀河として多くの研究者が注目しており、すばる望遠鏡やアルマ望遠鏡などによる多波長観測が盛んに行われている。近年ではHSCによって、M77が過去にその周りを回っていた衛星銀河と合体したことを示唆する構造が発見されている。

ソンブレロ銀河（M104）

星座：おとめ座、からす座　距離：3900万光年
観測装置：Suprime-Cam

M104は、ほぼ真横から見る銀河円盤とそれに沿ったダストレーン（暗黒帯）、円盤部から突き出した丸い形が特徴的で、その形からメキシコのつば広帽子「ソンブレロ」にたとえられ、ソンブレロ銀河とも呼ばれる。形状から渦巻銀河に分類される場合が多かったが、近年の観測で、中央の丸い部分を囲むように淡くハロー（星間物質や球状星団がまばらに分布する球状の領域）が広がっていることが明らかになった。M104のハローには、渦巻銀河では通常数百個しか存在しない球状星団が、何千個と存在していることも分かった。これらの特徴から現在では、M104は楕円銀河でありながらその中に円盤状の構造を持つと考えられている。

レンズ状銀河 NGC 4996

星座：おとめ座　距離：2.6億光年
観測装置：HSC

楕円銀河と渦巻銀河の中間にあるレンズ状銀河（32–33ページ参照）。ほとんど星を作っておらず、明瞭な渦巻構造も無いが、中心にはっきりとした棒状構造が見られ、さらにその外にも淡いリング構造が見えており興味深い。何らかの原因で銀河からガスが無くなり星形成が止まった結果、渦状腕も消えてしまったのだろう。かつての円盤の名残が、ここで見えている棒構造やリング構造として現在見えていると考えられている。銀河は時間とともに次第にその姿を変えていくが、その過渡的な姿を私たちは見ているのかもしれない。

エッジオン銀河ペア NGC 7332とNGC 7339

星座：ペガスス座　距離：7000万光年
観測装置：HSC

この近接エッジオン銀河のペアは、重力的に結びついたペアだろうと思われている。右のNGC 7332の中心に見えるバルジの形をよく見ると、単なる楕円形ではなく少し四角張った形をしている。これはピーナツバルジと呼ばれ、棒状のバルジを真横から見た形態だとされる（前ページのNGC 4996を真横から見たような状況）。画像左のNGC 7339の銀河面（銀河円盤中央）には、広範にわたってダスト（塵）が濃くなっているダストレーンが見え、星形成の材料であるガスが銀河面に豊富にあることを示唆するのに対し、右のNGC 7332では外見上はその兆候が見えない。しかし、実はNGC 7332も活発に星を作っていることが知られている。ピーナツバルジによって示唆される棒状構造の存在と併せ、過去のNGC 7339との力学的相互作用が星形成を活発化した可能性もある。興味深いペア銀河である。
*エッジオン銀河は64ページ参照。

躍動する銀河

Interacting Galaxies

これまで見てきたように、宇宙にはなぜこんなに多様な銀河が存在するのだろうか。銀河は衝突・合体を繰り返しながら成長してきたと考えられており、銀河同士の衝突がこの謎を解く鍵を握っている可能性がある。HSCで得た広大な宇宙画像の中を散策すると、銀河同士がお互いの重力で形を乱し合っている衝突銀河を多数見つけることができる。銀河同士が近づき、重力の影響で形が歪んだ銀河、つまり重力相互作用しているものをまとめて衝突銀河という。これから衝突・合体するもの、その最中にあるもの、過去に衝突したものなど、いろいろな段階の衝突銀河が見られる。

衝突銀河の特徴には、形の歪み以外にも、銀河内の恒星やガス、ダスト(塵)がしっぽのように引き伸ばされた潮汐ストリーム、小さな銀河が大きな銀河に落ち込んで正面衝突した時にできる、貝殻に似た同心円状のシェル構造のように、銀河の周辺に見られる痕跡もある。規則的な形をした同心円状のリング構造も、銀河の衝突・合体によってできたという説が有力である。

このような衝突の痕跡は淡く広がっていることが多く、大集光力を誇る口径8.2メートルのすばる望遠鏡と、広視野を誇るHSCを組み合わせたからこそ捉えられたものもある。実際HSC-SSP画像には、小口径の望遠鏡では見逃されていた衝突の痕跡が、銀河分類に参加した市民の協力も得て、多数見つかっている。

衝突というと遠い銀河の話に思えるかもしれないが、私たちが住む天の川銀河(銀河系)も決して例外ではない。しっぽのように伸びた恒星の分布(潮汐ストリーム)が見つかっていたり、過去に天の川銀河と衝突合体した銀河からやって来たと考えられる、変わった運動をする恒星のグループが見つかったりと、天の川銀河も衝突合体を繰り返しながら大きな銀河に成長してきたことが裏付けられる。さらに約45億年後には、お隣のアンドロメダ銀河と衝突・合体すると考えられている。ユニークな姿をした衝突銀河を眺めながら、天の川銀河の過去と未来に思いを馳せたい。

臼田-佐藤功美子(国立天文台ハワイ観測所)

76ページ：衝突銀河 NGC 5366とPGC 49574

星座：おとめ座　距離：4.2億光年
観測装置：HSC

画像右上、円盤を正面から見ている銀河（フェイスオン銀河）NGC 5366と、その下、横から見ている銀河（エッジオン銀河、64ページ参照）PGC 49574が衝突している珍しい銀河ペア。銀河の向きが違うおかげで両者の色合いが対照的で、NGC 5366では星形成領域が青く輝いているのに対し、PGC 49574では銀河円盤を真横から見た暗い帯状のダストレーン（暗黒帯）が赤っぽいのが印象的。さらに、両者の重力相互作用によって引き伸ばされた細長い尾のような構造（潮汐ストリーム）も広がっており、これも見どころの1つである。

くらげ銀河 UGC 9326とUGC 9327

星座：おとめ座　距離：7.6億光年
観測装置：HSC

2つの渦巻銀河が衝突している現場で、その姿がまるでくらげのように見える。くらげの傘に相当する銀河がUGC 9327、しっぽのように見える口腕内にある銀河がUGC 9326。この天体を初めて見たHSC関係者が「くらげ銀河」と形容したため、そのように名付けられた。この衝突銀河とは別に、銀河が銀河団の中を移動中にガスが剝ぎ取られてくらげの触手のような構造ができた銀河を「くらげ銀河」と呼ぶことが多い（107ページ参照）。

おたまじゃくし銀河 UGC 10214

星座：りゅう座　距離：4.4億光年
観測装置：HSC

自身の銀河円盤よりもずっと長い尾が伸びており、その姿がおたまじゃくしを思わせることから、「おたまじゃくし銀河」という愛称が付けられている。この渦巻銀河の近くを小さな銀河が横切った際の重力相互作用により、銀河内の恒星やガス、ダストが引き伸ばされ、約28万光年に及ぶ長さの尾が形成されたと考えられる。渦状腕や尾の部分に見える青い点々は、青い高温の恒星の集まりである。

衝突銀河 Arp 323

星座：うお座　距離：3.7億光年
観測装置：HSC

衝突銀河ペアArp 323は、右の銀河Arp 323Aと左下の銀河Arp 323Bから成る。Arp 323A（別名 NGC 7783）は銀河中心に活動的な超巨大ブラックホールが存在する活動銀河と考えられている。画像左下に向かって長く尾のように伸びる潮汐ストリームが印象的である。比較的最近の研究によれば、この衝突の痕跡はこの銀河ペアと矮小銀河との3重合体の過程で形成されたものだと考えられている。この銀河ペアは、近隣の銀河とともにヒクソン・コンパクト銀河群98と呼ばれる小規模な銀河集団を作っている。

衝突銀河 NGC 5943

星座：うしかい座　距離：2.8億光年
観測装置：HSC

画像右側に見えるレンズ状銀河（32–33ページ参照）NGC 5943の左上と右下には、かつての衝突の痕跡である、同心円状の貝殻のようなシェル構造が見られる。この構造のように、銀河からやや離れたところに淡く現れる衝突の痕跡を捉えるのは、広視野と高感度を誇るHSCの得意とするところである。銀河中心核に活動的な超巨大ブラックホールを持ち、膨大なエネルギーを放出している活動銀河に比べると、この銀河の中心にあると考えられる超巨大ブラックホールの活動性は低めで、銀河中心核がさほど明るくない。なお、画像左側に写っているのはNGC 5945で、NGC 5943との重力相互作用（衝突）の痕跡は見られない。

衝突銀河 NGC 5331

星座：おとめ座　距離：4.7億光年
観測装置：HSC

NGC 5331は、2つの渦巻銀河から成る衝突銀河ペアである。HSCによって、ペアの右側と左上に伸びる、しっぽのように伸びた恒星の分布（潮汐ストリーム）が見事に捉えられている。お互いの重力で引き合い、合体しつつある銀河の渦状腕がつながり始めているように見える。銀河の合体により爆発的な星生成（スターバースト、55ページ参照）が起こっていると考えられ、赤外線でも明るく見える銀河である。NGC 5331の赤外線での明るさは太陽の1000億倍以上と見積もられている。

衝突銀河 NGC 5257とNGC 5258

星座：おとめ座　距離：3.3億光年
観測装置：HSC

NGC 5257（中央右）とNGC 5258（中央左）は、同じような大きさと質量の渦巻銀河のペアである。両銀河を結ぶ星の橋のような構造が、まるで2人のダンサーが手をつないで踊っているように見える。重力相互作用（衝突）に起因する活発な星形成活動が行われており、赤外線でも明るい。

衝突銀河 NGC 125ほか

星座：うお座　距離：2.5億光年
観測装置：HSC

NGC 125（中央右）はレンズ状銀河（32–33ページ参照）である。NGC 125は、NGC 128（画像左の縦に伸びた銀河）を中心とする銀河群の一員と見なされることもあり、銀河群メンバー同士の重力相互作用の影響を受けている可能性がある。NGC 125にもHSCだからこそ確認できるような淡い潮汐ストリームが、左右と下側に弧を描くように伸びている。NGC 128の左右および右下にある銀河はそれぞれNGC 130、NGC 127、NGC 126である。

左：衝突銀河 NGC 474

星座：うお座　距離：1.0億光年
観測装置：HSC

NGC 474は直径10万光年の天の川銀河（銀河系）と比べて2倍以上大きな銀河である。楕円銀河に分類されるが、のっぺりとして構造が見られない通常の楕円銀河と異なり、同心円状の貝殻のように見える構造や、伸びたしっぽのような構造が複数見られる。これらは数億年前に矮小銀河と正面衝突、合体した時にできたと考えられる。

3重リング銀河（2MASX J22361103＋0124304）

星座：うお座　距離：8.2億光年
観測装置：HSC

銀河の形態を系統的に分類する方法として、銀河を大きく楕円銀河、レンズ状銀河、（棒）渦巻銀河に分類し、どれにも当てはまらない不規則な形状の銀河を不規則銀河とするハッブル分類が有名である（32–33ページ参照）。ほとんどの銀河はこの分類で対応できるが、規則的な形状をしているにもかかわらず、これらのどの分類にも当てはまらない銀河がある。リング銀河がその1つで、名前の通り輪っかを持った珍しい銀河である。起源には諸説あるが、衝突合体の結果という説が有力。ただでさえ稀なリング銀河だが、この画像の銀河には3つのリングがあるように見え、極めて珍しい銀河である。

不思議なリング銀河の魅力

宇宙にはリング状の不思議な形を持つ銀河がある。この「リング銀河」は、一説では銀河同士の衝突が引き金となり、波紋のように星が生まれることで形成されたと考えられている。しかし、リングの形状は銀河によって様々で、形成起源についても諸説あることから、現在も最終的な結論には至っていない。

リング構造は、銀河中心とリングが同心円状に見える「O型」と、中心部からズレて見える「P型」に分類される。スーパーコンピューターを用いた理論研究によれば、リング銀河の8割は銀河の衝突によって、また残りは自然発生的に作られ、長期間その形を維持したとされている。2024年には、すばる望遠鏡の大規模データの一部から市民天文学者（100ページ参照）がリング銀河を見つけ出し、AIを通じて全データへ拡張することで3万超のリング銀河を新たに発見し、リング銀河の形成理解に貢献している。

嶋川里澄（早稲田大学高等研究所）

極リング銀河 NGC 660

星座：うお座　距離：4200万光年
観測装置：HSC

大きく広がったリング状の構造が、中心にある渦巻銀河を垂直に近い角度で取り囲むように分布している。この青く輝くリングは、中心の銀河がほかの銀河と重力相互作用をしたことによって形成されたと考えられており、リング内では星が活発に生まれている。リング内のダスト（塵）が暗く帯状に見えているが、それが銀河円盤の暗い帯状のダストレーンと交差している様子も見られ、複雑な構造が際立っている。

ハッブル宇宙望遠鏡撮影のNGC 2936

衝突銀河 NGC 2936とNGC 2937

星座：うみへび座　距離：3.3億光年
観測装置：HSC

卵を抱えたペンギンのような銀河ペアは、ペンギンに見える銀河NGC 2936が、ペンギンの左下にある卵に見える楕円銀河NGC 2937の重力の影響で形が歪んでしまったと考えられる。この銀河ペアをArp 142と呼ぶ。NGC 2936は、もともと渦巻銀河だったと考えられており、ペンギンの目に当たる一番明るい部分に銀河の中心核がある。くちばしや輪郭で青白く見えている部分では、銀河同士の衝突により活発な星形成が行われ、生まれたばかりの若い星々が青白く輝いている。それに対して、卵に見える楕円銀河は古い星が多いので、全体的にオレンジっぽい色をしている。
HSCの画像では、口径2.4メートルのハッブル宇宙望遠鏡では確認できなかった、淡くぼんやりとした衝突の痕跡がペンギンを取り囲むように写し出されている。ペンギンの左上、少し離れたところにも、淡い衝突の痕跡が見えている。これらの淡い構造は、8.2メートルという大口径で集光力の高いすばる望遠鏡だからこそ捉えることが可能で、左上の痕跡は、広視野を誇るHSCだからこそ捉えられた。実際、すばる戦略枠プログラムHSC-SSP（18–19ページ参照）による広大な宇宙画像の中から、小口径の望遠鏡を使った先行研究で見落とされていた衝突・合体銀河がたくさん見つかっている（100–101ページ参照）。

衝突銀河 NGC 5329

星座：おとめ座　距離：3.4億光年
観測装置：HSC

NGC 5329（画像中央付近）は楕円銀河であるが、外縁部に、過去の銀河合体や重力相互作用の痕跡である同心円状のシェル構造が見られる。この銀河は、小さな銀河とグループを作っており、画像中央付近上部と左に見えている銀河はグループの一員である。NGC 5329の中心から左下に見える明るい点も、この銀河に付随している別の銀河である。これら周囲の銀河にも重力相互作用の痕跡が見えており、複数の銀河が合体する過程を目撃しているのかもしれない。

衝突銀河 NGC 5719とNGC 5713

星座：おとめ座　距離：8600万光年
観測装置：HSC

ほぼエッジオンの渦巻銀河NGC 5719（画像左）と、ほぼフェイスオンの渦巻銀河NGC 5713（画像右）がお互いの重力で相互作用している。それぞれの銀河では、エッジオン、フェイスオンの特徴であるダストレーン（暗黒帯）、渦状腕が見えているが、NGC 5719のダストレーンは銀河円盤に対して傾いている。衝突の痕跡として、2つの銀河をつなぐ中性水素ガスの細長い潮汐ストリームが電波で観測されており、ダストレーンの傾きもそれに沿っている。さらにこのHSC画像では、ガスに沿って非常に淡く細長く広がる青い円盤構造が、銀河の左下から右上に向かって捉えられている。この青く淡い円盤は、NGC 5719本体が持つ銀河円盤とは逆回転をしていることが知られており、複雑な重力相互作用の現場を私たちに見せてくれている。
＊エッジオンとフェイスオンについては、64ページ「エッジオン銀河」参照。

クジラ銀河とホッケースティック銀河 NGC 4631とNGC 4656

星座：りょうけん座　距離：2400万光年
観測装置：HSC

NGC 4631（画像右上）とNGC 4656（画像左下）は、私たちが住む天の川銀河（銀河系）に比べて小さく、そして周りの銀河と激しく影響し合っている特殊な環境にある。両者とも、もともと渦巻銀河だったが、お互いの重力で形を乱し合い、その見た目から「クジラ銀河」と曲がった杖のような形をした「ホッケースティック銀河」という愛称がついた。広視野と高解像度を誇るHSCで形の崩れた両銀河を同時に観測し、クジラ銀河を取り巻く細長い尾のような潮汐ストリームや、潮汐ストリーム内などの恒星1つ1つを分解して撮影することに、世界で初めて成功した。クジラ銀河の歴史を紐解く手がかりとなると期待されている。

矮小銀河 NGC 4449

星座：りょうけん座　距離：1400万光年
観測装置：Suprime-Cam

矮小銀河NGC 4449（画像左下）が、さらに小さな矮小銀河（画像右上）を飲み込み、合体しようとしている。飲み込まれている銀河が引き裂かれて「星の小川」となり、NGC 4449に流れ込んでいる。NGC 4449の中心部は青く、活発な星形成活動が行われているのに対し、銀河の外縁部や飲み込まれつつある銀河は赤く、年老いた赤色巨星が多いことを示唆している。

市民天文学者とともに発見した激しい合体の瞬間にある銀河

臼田-佐藤功美子（国立天文台ハワイ観測所）

研究者と市民（以下、市民天文学者）が力を合わせて銀河の謎に迫る、国立天文台市民天文学プロジェクト「GALAXY CRUISE（ギャラクシークルーズ）」が2019年11月から始まった。すばる戦略枠プログラムHSC-SSP[1]が全世界に向けて公開した広大な宇宙画像の中には、膨大な数の銀河が写り込んでおり、その中から衝突銀河を見つけて分類する作業に市民天文学者が貢献している。

最初の2年半続いた第1シーズンで、約1万人の市民天文学者が協力し、延べ266万件を超える分類結果が集まった。画像の広さ、深さに優れた世界最高品質のHSC画像からは、先行研究で楕円銀河と思われていた銀河から、はっきりとした渦巻構造や、今まで見つかっていなかった衝突・合体の淡い痕跡が多数発見された。

これは高精度な市民天文学者の分類と、すばる望遠鏡HSCの高品質な画像をかけあわせた成果といえる。さらに市民天文学者の分類をうまく使うことで、発見が難しい、とりわけ激しい合体の現場にある銀河を見つけることに成功した。ここに並べられた銀河はどれも形が大きく崩れ、複雑な形をしている様子が見てとれる。

1）18–19ページ
「ハイパー・シュプリーム・カムとすばる戦略枠プログラム」参照。

いろいろなものに見える衝突銀河

衝突・合体銀河の形は実に多様で、身近な動物や物の形に似ている銀河もある。本書でも、くらげ[1]、おたまじゃくし[2]、卵を抱えたペンギン[3]、くじらとホッケースティック[4]に見える銀河を紹介した。ここでは、GALAXY CRUISEの市民天文学者が報告してくれた銀河や、GALAXY CRUISEやHSC関係者が見つけたユニークな形の銀河を紹介する。いかり（左上）、ドアノブ（右上）、クリオネ（左下）、エビ（右下）に見える銀河である。

1) 78–79ページ参照。
2) 80ページ参照。
3) 92–93ページ参照。
4) 98ページ参照。

銀河団と遠方宇宙

Galaxy Clusters and the Distant Universe

ここまで紹介してきた銀河という天体は、宇宙の中で物質密度の濃い領域に存在している。密度が高いのでガスから星が生まれ、それらが集団を成して銀河となったのだ。この宇宙の粗密は非常にコントラストが強い。銀河がほとんどいないボイドと呼ばれる領域もあれば、銀河が大集団を成している銀河団という領域もある。このような粗密は宇宙の大規模構造と呼ばれ、自らの重力で束縛されている天体の中では、銀河団が宇宙で最も重い天体だ。

銀河団には大量かつ高温のプラズマが存在することが知られていて、X線観測では、大きく広がったX線放射を捉えることができる。また、ダークマター（暗黒物質）も集まっていて、後述する重力レンズ効果も強く起きている。加えて、銀河団内部の銀河は外部の銀河とは異なる成長をすることから、銀河の成長の歴史を紐解く存在でもある。

このように、銀河団は科学的に非常に重要な天体である。銀河と同様に、銀河団も様々な表情を持っている。近傍（現在の宇宙）から遠方（過去の宇宙）で姿を変えることも想像できるだろう。ここでは様々な銀河団の姿を紹介していこう。

また、銀河団に続いて、すばるの観てきた遠方宇宙も紹介する。すばる望遠鏡の科学成果の中で、遠方宇宙の研究が1つの大きなハイライトである。すばるの深く広い撮像能力を生かし、日本が席巻した遠方銀河研究と、遠方の超巨大ブラックホール研究をお見せしたい。また、シャープな画像を生かした重力レンズ研究も、世界中の研究者が注目をするテーマである。とりわけ、HSCの広域観測が描き出した、かつてない広さと解像度のダークマター3次元地図から得られる宇宙の成り立ちや進化に関する知見は、国際的にも大きな注目を浴びている。

初期の宇宙から現在の宇宙まで、すばる望遠鏡で観た宇宙の歴史をお楽しみいただきたい。

田中賢幸（国立天文台ハワイ観測所）

102ページ：23億年前の銀河団

星座：おとめ座　距離：23億光年
観測装置：HSC

銀河がお互いにぶつかってしまいそうなほどコンパクト、かつ高密度な銀河団である。23億光年彼方にある。銀河団はとても重力の強い天体で、銀河団を成す銀河たちはそれぞれが秒速数百キロメートルから、速いものでは秒速1000キロメートルを超える速度で動いている。銀河の運動を画像から見て取ることはできないが、銀河団は実は非常にダイナミックな天体なのである。

くらげ銀河 NGC 3312とNGC 3314

星座：うみへび座　距離：NGC 3312とNGC 3314A　1.4億光年、NGC 3314B　2.2億光年
観測装置：HSC

うみへび座銀河団に属する2つのくらげ銀河で、左上にあるのが NGC 3312、右下にあるのが NGC 3314だ。いずれの銀河も、くらげの触手のような淡いフィラメント状の構造が画面上で上向きに伸びている。これは、これらの銀河が銀河団ガスの中を運動する際に受ける「風」によって、銀河円盤からガスが剥ぎ取られてできた構造だ。珍しいくらげ銀河が2つ並んで写っている貴重な画像である。右側のNGC 3314は、2つの渦巻銀河が衝突しているように見えるが、距離の異なる銀河が地球から見てたまたま視線上に重なっているだけで、両者の重力相互作用はないようだ。「くらげ銀河」として見えているのは、手前にあり、銀河円盤が正面に見えているNGC 3314Aで、銀河円盤が斜めに見えているもう1つの渦巻銀河NGC 3314Bは背景にある。

くらげ銀河

「くらげ銀河」は銀河団の中で時折見つかることのある、不思議な形をした銀河である。最大の特徴はくらげの触手のようにも見える構造を持つことであるが、その正体は銀河内部から流れ出た冷たいガスである。

くらげ銀河の形成過程には、銀河団の中を動き回る銀河が受ける「向かい風」が密接に関わっている。風のない穏やかな日に、自転車にまたがって思い切りペダルを踏むところを想像しよう。自転車が動き出すと弱い向かい風を感じ、髪がたなびく。スピードを上げるにつれて向かい風はどんどん強くなり、被った帽子が吹き飛ばされるかもしれない。実はこれと同様の現象が、くらげ銀河を誕生させるのである。銀河団は大量の熱いガスで満たされていることが知られており、銀河はその中を秒速1000キロメートルもの速さ（東京−鹿児島間を1秒で移動する速さ）で動き回っている。その結果、銀河には非常に強い「向かい風」が働き、銀河内部にあるガスが剝ぎ取られ、触手状の構造を作るのである。

多くのガスを失ったくらげ銀河の本体は、次第に星を作らない楕円銀河へと姿を変えていくものと考えられている。銀河団に楕円銀河が多く見つかるのは、このような進化を辿った銀河が多いからかもしれない。くらげ銀河の不思議な姿は、銀河の激動的な進化の途中を切り取ったものなのである。

安藤 誠（国立天文台ハワイ観測所）

くらげ銀河 JO204

星座：ろくぶんぎ座　距離：6.0億光年
観測装置：HSC

画像中央の銀河には左上方向に細長く伸びた青白い触手状の構造が確認できる。前ページの「くらげ銀河」と同様に、銀河と銀河団の相互作用によって形成されたくらげ銀河だ。銀河団のダイナミックで劇的な一面を垣間見せてくれる。

NGC 3647

星座：しし座　距離：7.0億光年
観測装置：HSC

コンパクトな銀河集団である。このような近い距離にある銀河団だと、銀河の形がとてもよく分かる。渦巻銀河は孤立しているものが多く、楕円銀河は集団を成しているものが多いことを先に触れたが（42ページ「ポツンと存在する渦巻銀河」参照）、実際にこの集団を見てもここにいるのは楕円銀河ばかりで、渦巻銀河がほとんどいないことが一目瞭然だろう。宇宙における銀河の棲み分けは、これほどはっきりしているのだ。しかし、私たちはその棲み分けの原因をまだ完全には理解できていない。銀河の成長における未解決問題の１つである。

前景銀河と背景銀河団

星座：うお座　距離：30億光年
観測装置：HSC

天体写真では近くの宇宙から遠くの宇宙まで、全てが投影されて写る。途方もない時間を1つの画像に収めることができるのだ。この画像では左下に30億年前の銀河団があり、より近傍のとても形の良く見える銀河2つが、その上（UGC 12709）と右側（NGC 7716）に同時に写っている。この2つの前景の銀河はどちらも1.2億光年ほどの距離にある。1つの画像に写っているが、これらは全く別の距離にある銀河なのである。近傍銀河の渦巻銀河の青い色と、銀河団を成す多くの楕円銀河のオレンジ色が対照的な画像だ。距離によって銀河の見た目の大きさが変わることもよく分かるだろう。

超銀河団

星座：おとめ座　距離：30億光年
観測装置：HSC

銀河は群れて銀河団を成すという説明を先にした。実は銀河団も群れる。そのような銀河団の集団を超銀河団と呼び、宇宙の中でもとりわけ高密度な領域である。この画像でも複数の銀河団が近い距離に集まり、超銀河団を成している様子が見てとれる。画像の外にも実は銀河団の群れは続いている。画像左上の銀河団では、銀河がリングのような形で並んでいる。何か特別な意味があるわけではなく、たまたまこう見えているだけなのであるが、このような幾何学模様は不思議議と印象的である。

赤方偏移

赤方偏移とは、天体の光の波長が赤い方（波長が長い側）に伸びる現象である。遠方の銀河から届く光は、宇宙の膨張に伴って波長が引き伸ばされるため、赤方偏移が生じる。波長の伸び具合を表した赤方偏移の値は、天体までの距離を示すだけでなく、その光が放たれた時点の宇宙の年齢を知る手がかりにもなる。

たとえば、赤方偏移が6の銀河の光は約129億年前に放たれたものであり、宇宙誕生から9億年後にある銀河を見ていることになる。赤方偏移の値が大きいほど天体は私たちから遠く、より過去の宇宙の姿を映している。このように、赤方偏移は天体までの距離や宇宙の歴史を測る重要な物差しである。

石井未来（国立天文台ハワイ観測所）

41億年前と62億年前の銀河団

星座：くじら座とうお座　距離：41億光年、62億光年
観測装置：HSC

ここに示す2つの銀河団は、1つが41億年前（左上）、もう1つが62億年前（右）のものである。色の違いに注目してほしい。遠くの銀河団の方が赤い色をしていることが分かるだろう。これが赤方偏移だ。天文学者にとってはとても重要な効果である。

COSMOS深宇宙領域

星座：ろくぶんぎ座
観測装置：HSC

宝石箱を見ているようである。色とりどりの天体でぎっしりと埋め尽くされた深宇宙の画像には、現在の宇宙から遠い過去の宇宙の姿まで映し出されている。いつまでも見飽きない、宇宙138億年の歴史が詰まった1点だ。これはCOSMOS（コスモス）フィールドと呼ばれる様々な望遠鏡で詳細に調べられている有名な観測領域で、HSCで10–20時間の長時間露出を行った、深宇宙探査のための領域である。宇宙は銀河で満たされていることがよく分かる。

重力レンズ効果

観測者の視線上に複数の天体がある場合、遠方の天体からの光は、観測者から見て手前の天体の重力の影響を受けている。その作用がとりわけ強い場合を「強い重力レンズ効果」と呼び、背景の天体はしばしば大きく引き伸ばされ、歪んだ形をしている。

背景天体が前景天体のほぼ真後ろに来ると、円を描くように歪められ、「アインシュタインリング」と呼ばれる。左ページの画像がその例だ。中心のオレンジ色をした天体は地球からの距離が48億光年ある。このレンズ天体によってほぼ円状に歪められた背景天体は110億光年彼方にある。

重力レンズ効果が観測されるのは稀なことで、通常は手前の銀河によって背景にある1つの銀河が効果を受ける。しかし、理論上は複数の背景銀河が同時にレンズ効果を受けることもあり得る。右ページの「ホルスの目」と呼ばれる画像では、重力レンズ効果を受けた天体が2つの異なる色で写っている。内側のリングは赤っぽい色、外側のリングと点状の特徴は青っぽい色だ。中心のオレンジ色のレンズ天体は地球からの距離70億光年先の銀河で、これが背後にある2つの銀河（距離90億光年と100億光年）の光を歪めている。重力レンズ天体は、銀河の基本的な性質や宇宙膨張の歴史を解明するための貴重な観測対象となっている。

松元理沙、石井未来（国立天文台ハワイ観測所）

左：**SDSS J0232.8-0323**

星座：くじら座　距離：48億光年、110億光年
観測装置：HSC

上：**ホルスの目**

星座：おとめ座　距離：70億光年、90億光年、100億光年
観測装置：HSC

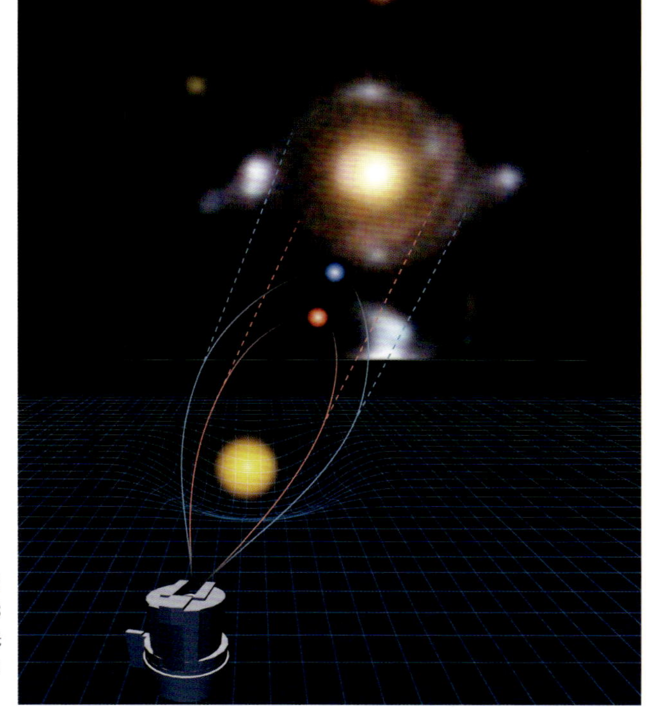

重力レンズ天体「ホルスの目」を形作る銀河の位置関係を模式的に示した図。観測者（地球）から見て距離の異なる3つの銀河が一直線上に並び、手前にある銀河（距離70億光年）が背景にある2つの銀河（距離90億光年と100億光年）の光を歪めている。

ダークマターの塊の位置における銀河分布の例

星座：おとめ座
観測装置：HSC

重力レンズ効果は、背景の銀河（光源）と、手前のレンズ天体（重力源）の位置関係によって、見え方にバリエーションがある。118–119ページの例のようなリングのほかに、1つの光源から複数の像が見えたり、アーク（弓）状に変形した像が見える場合もある。この画像では、銀河団の中心部を取り囲むように複数のアーク状の構造が見えている。こうした重力源の影響が強く、歪みがはっきりと見えるものを「強い重力レンズ」効果と呼ぶ。この銀河団のように、銀河が群れ集まっている場所にはダークマターの塊があると考えられている。目では見えないダークマターだが、背景の銀河の形が手前のダークマターの重力で歪められる様子を計測できれば、ダークマターの分布が調べられる。重力レンズ効果の応用だ。しかし、そのためには歪みの程度が小さな「弱い重力レンズ」効果まで測定しなければならない。できる限り多数の背景銀河の形状を精密に調べて、場所ごとの歪みを統計的に導き出すのだ。HSCとすばる望遠鏡の組み合わせは、広い領域でたくさんの暗い銀河の姿を明瞭に捉えることができるので、ダークマターを探査する上でも最強だ。その観測データから2018年時点で史上最高の広さと解像度を持つダークマターの「地図」が作成された（123ページ下図）。

ダークマターの地図の作り方

宮崎 聡（国立天文台ハワイ観測所）

ダークマター粒子は、重力以外の相互作用をしない。つまり電磁相互作用をしないため、光（電磁波）を発したり吸収したりしない。そのため、ダークマター（暗黒物質）は黒色ではなくて透明である（光を吸収しないと黒くならない）。透明なものを観測する方法はあるだろうか。非常に高品質で透明度の高いガラスでできた花瓶を真正面から見た場合を想像してみよう。光は花瓶を通り抜けるが、空気との境界面で屈折する。これにより、花瓶の背景が歪んで見えるので、私たちは花瓶があることを認知することができる。重力場があると光は屈折するので[1]、ダークマターもこれと同じ方法で、その存在を認知し、分布図を作ることができる。

重力場による光の屈折で、背景にある像がどのように変化するかを考えてみる。図1を見てほしい。Sの位置にある円盤（円盤状の銀河）を、Oの位置にいる観測者が観測している（Oの位置に地球がある）。その途中にダークマターのような重力源である質点Mがない場合は、側面図の点線で示したように光は直進するので、正面図の点線のように丸い円盤が観測される。Mがある場合は、Sを出発してM付近まで到達した光は、Mが生じる重力場により下側に屈折するため、もはやOに届かなくなる。どのような光がOに届くかというと、側面図実線に示したように、SからOに向かう点線より

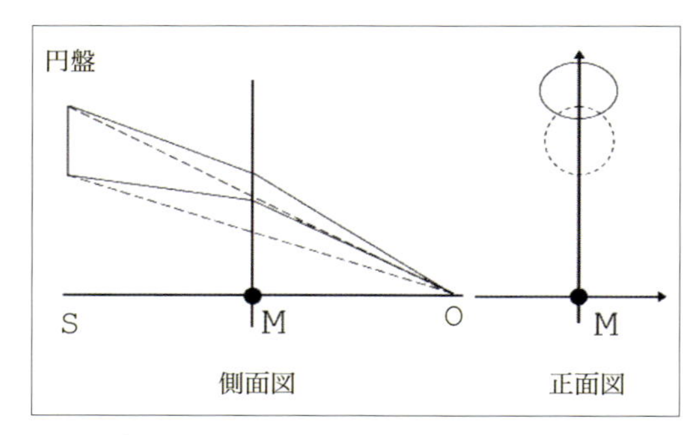

図1： 円盤状の銀河S、ダークマターM、観測者（地球）O、3者の位置関係の側面図（左）と、地球Oからダークマター Mとその背景にある円盤状の銀河Sを見た正面図（右）。点線は、ダークマター Mがなく、Sからの光が真っすぐOに届く場合の光路（左）と、Oで見えるSの像（右）。実線はダークマター Mが存在し、その重力レンズ効果を受けた場合の光路（左）と、Oで見えるSの像（右）。ダークマター Mがあると、地球Oから円盤Sが楕円に見える。円盤状の銀河Sは、正面から見た渦巻銀河（フェイスオン銀河）や球形の楕円銀河に相当する。

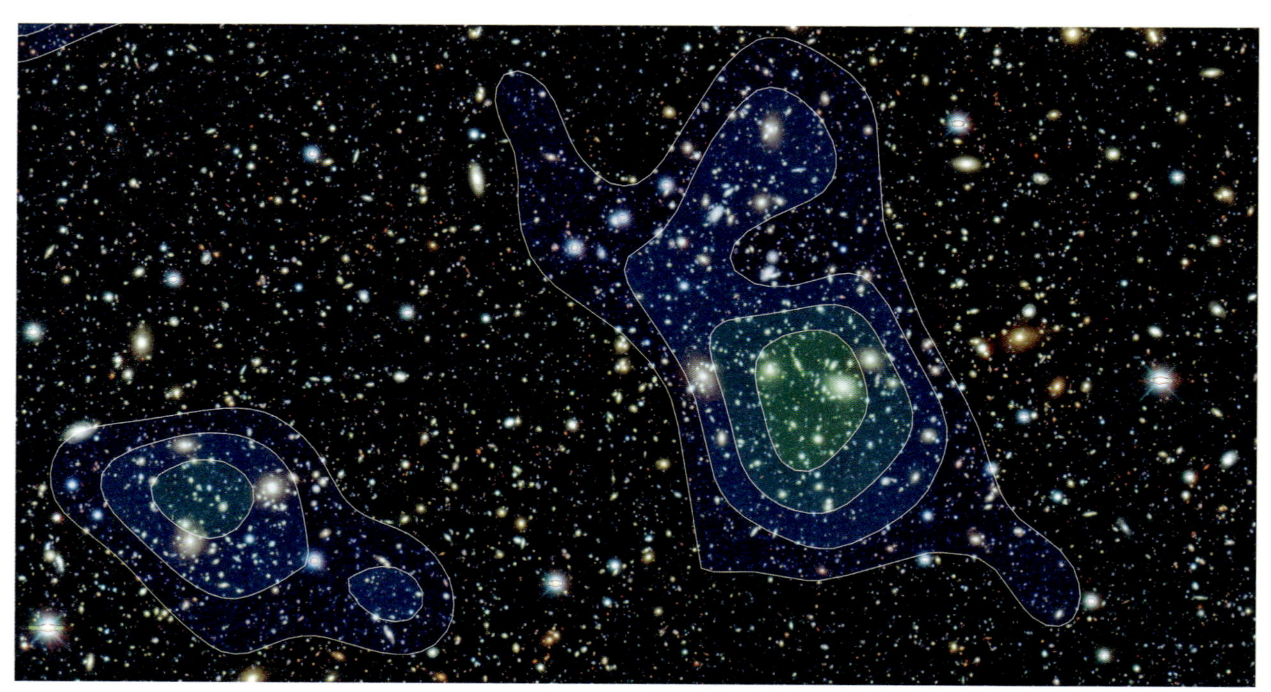

HSCで観測された天体画像の一部と解析で得られたダークマター分布図（等高線）。

少し上側に向かった光（実線）が、M付近で屈折して、ちょうどOに到達する。側面図の2つの実線は円盤の上端から出た光と下端から出た光の軌跡を示しているが、上端から出た光は下端から出た光よりも質点から遠いところを通るので、重力場の影響が小さい。すなわち屈折角が小さい。この角度の差があるために、円盤像は上下方向に潰された楕円に見えることになる。質点Mが作る重力場を通り抜けると、正面図の実線で示したように、もともと円盤（点線）だったものが、少し浮いて潰れて見えることが分かる。

図2に、ダークマターの集まりがあった場合に、その背景の円盤状の銀河がどのように歪むかを示した。銀河像は外側に追い出されて、楕円状に潰される。ダークマターの集まりから離れるにしたがって、その移動と変形量は小さくなっていく。

このような背景にある銀河の歪みのパターンを調べることにより、ダークマターの集まりの分布を調べることができるのだが、1つ大きな問題がある。それは、背景にある銀河の元々の形が様々で、いろいろな方向を向いているため、1つ1つの銀河をとりあげて、これが元の形なのか、重力場の影響による変形なのかは区別がつかない。そこで、天域を格子状に分け、その格子の中に入っているすべての銀河の形状の平均を調べることにする。こうすると、元の形状や向いている方向はランダムだとすると平均すればゼロであると期待でき、重力場による変形だけを求めることができる。

地図作りの原理は、このように単純であるが、実際にこのようにダークマターの地図を作ろうとすると、多くの暗い銀河の形状を広い天域にわたり観測する必要がある。また、見かけが小さい遠方銀河の形状を精密に計測するためには、高解像度なカメラが必須である。すばる望遠鏡の高解像度な超広視野主焦点カメラHSCは、このような困難な観測を実現することを主目的に開発された。

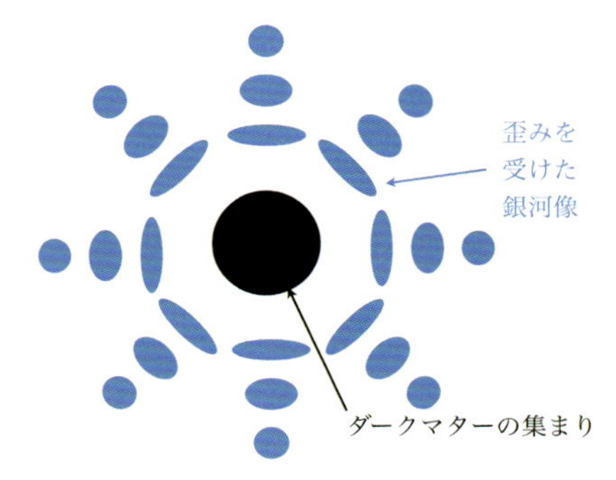

図2： ダークマターの集まり（黒）があった場合、その背景の円盤状の銀河の像の歪み方（青）。図1の正面図でも示した通り、銀河像は外側に追い出されて、楕円状に潰されるが、銀河がダークマターの集まりから離れるにしたがって、その移動と変形量は小さくなっていく。

1) 118–119ページ「重力レンズ効果」参照。

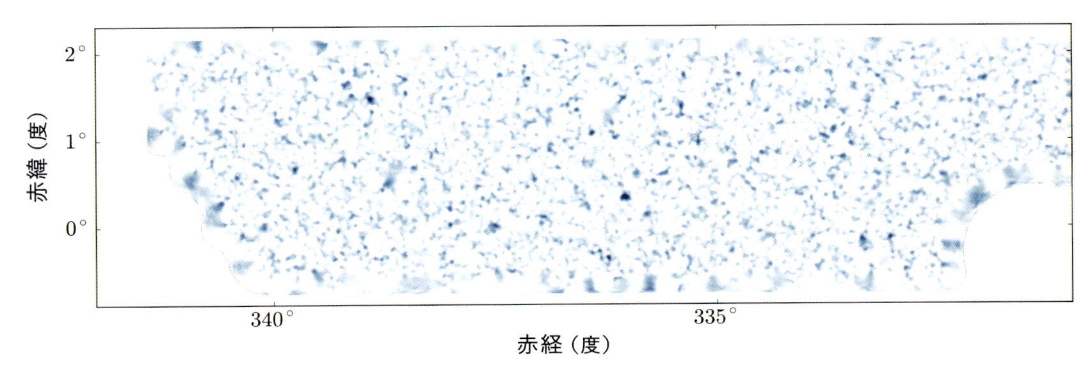

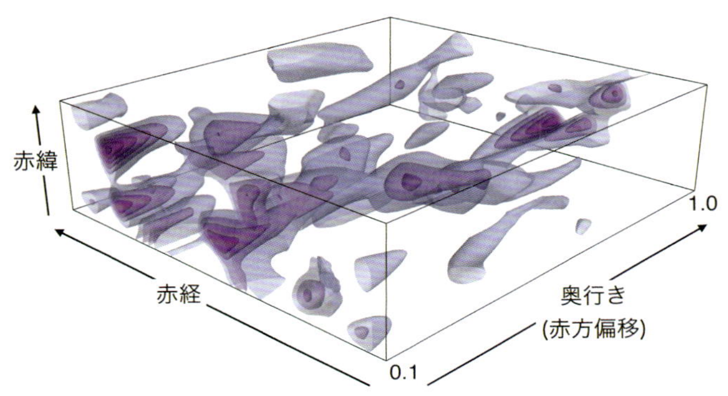

上： HSCが捉えた銀河の形状から「弱い重力レンズ」効果を利用して再構成した、ダークマターの2次元分布図。濃い部分がダークマターの塊が観測された場所を表す。

左： 背景銀河の奥行き情報（赤方偏移）と組み合わせ、「弱い重力レンズ」効果を利用して推定したダークマターの3次元分布図。

すばる望遠鏡が見つけた最も遠い銀河

松元理沙、石井未来（国立天文台ハワイ観測所）

遠くの銀河を観測することは、私たちの住む宇宙の歴史をさかのぼることと同じだ。138億年前に宇宙が誕生した後、星や銀河はどのようにして生まれ成長していったのか。そのような疑問に答えるため、研究者たちは、新しい観測装置の開発や観測手法の工夫を重ね、すばる望遠鏡による「最も遠い天体」の記録を更新している。

2003年には、赤方偏移6.58と6.54の2つの銀河の発見が発表された。これは、すばる望遠鏡の建設に携わった人々が協力して行った「すばる深宇宙探査計画」による成果だ。左下の画像の矢印が示す天体a（SDF132415）、b（SDF132418）が発見された銀河で、発表当時、遠方銀河のランキング3位と1位を記録した。

2006年には赤方偏移6.96の銀河「IOK-1」を発見し、最遠方銀河の記録を更新した（赤方偏移が大きいほど遠い銀河）。この観測は、赤方偏移7の銀河を探すために開発した特別なフィルターをSuprime-Camに取り付けて行われた。IOK-1の発見によりビッグバンから約7億7000万年後には確実に銀河ができていたことが証明された。

赤方偏移7を超える銀河からの光を捉えるためには、赤外線に近い観測波長帯で観測する必要がある。遠方の銀河からの光は、宇宙膨張とともにその波長が伸び、放たれた直後は青かった光も赤色に近くなるからだ。例えば、赤方偏移7の天体から放たれた、ライマンアルファと呼ばれる紫外線は、可視光の赤色に対応する光よりも波長が長くなり地球に届く。先に説明をした赤方偏移という効果だ。

当時、主焦点に搭載されていたSuprime-Camは赤外線付近の検出器感度が低く、赤方偏移7を超える遠方銀河が発見されない時期が続いた。しかし、2008年に赤外線付近の感度を上げた新たな検出器がSuprime-Camに搭載され、状況が変わる。2012年には、赤方偏移7.22の銀河「SXDF-NB1006-2」の発見が発表され、「最遠方の銀河」の記録を更新した。

2013年には、Suprime-Camの後継機であるHSCが稼働し、すばる望遠鏡の探査能力はさらに向上した。その結果、原始銀河団（右ページ）や超巨大ブラックホール（126–127ページ）などの天体が130億年前の宇宙で続々と発見されてきている。銀河はどのようにして生まれ、進化するのか。その大きな問いに答えるために、すばる望遠鏡を用いた研究が続けられている。

＊赤方偏移については114ページ「赤方偏移」参照。

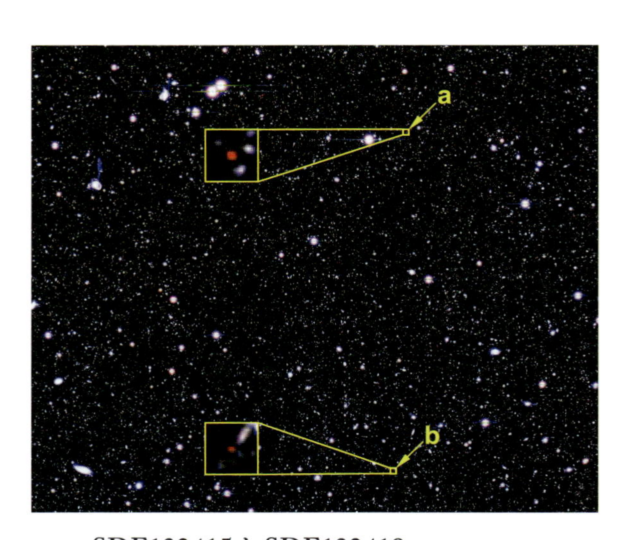

SDF132415とSDF132418
星座：かみのけ座　距離：130億光年
観測装置：Suprime-Cam

IOK-1
星座：かみのけ座　距離：130億光年
観測装置：Suprime-Cam

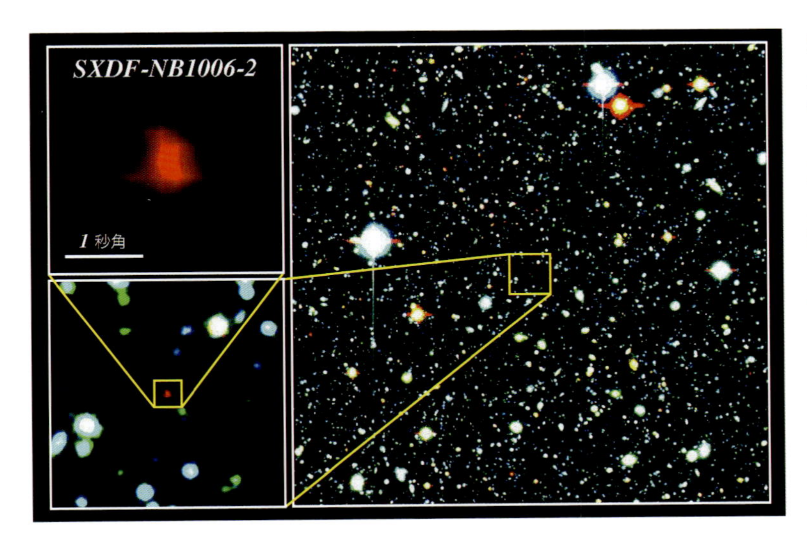

SXDF-NB1006-2

星座：くじら座　距離：131 億光年
観測装置：Suprime-Cam

原始銀河団 z66OD

星座：くじら座　距離：130 億光年
観測装置：HSC

銀河の集まり「銀河団」がどのように形成されたのか。この疑問に答えるため、研究者たちは銀河団の祖先「原始銀河団」を遠方の宇宙、つまり、初期の宇宙で探している。z66ODは、12個の銀河からなる原始銀河団だ。ビッグバンから8億年後の宇宙で発見され、2019年の発表当時、最遠方の原始銀河団を記録した。図の青色の部分がz66ODの領域で、差し渡し約2億光年に相当する。青色の濃さは原始銀河団を構成する銀河の天球面上での密度を表している。拡大図の中心にある赤い天体は、それぞれこの原始銀河団に付随する12個の銀河だ。

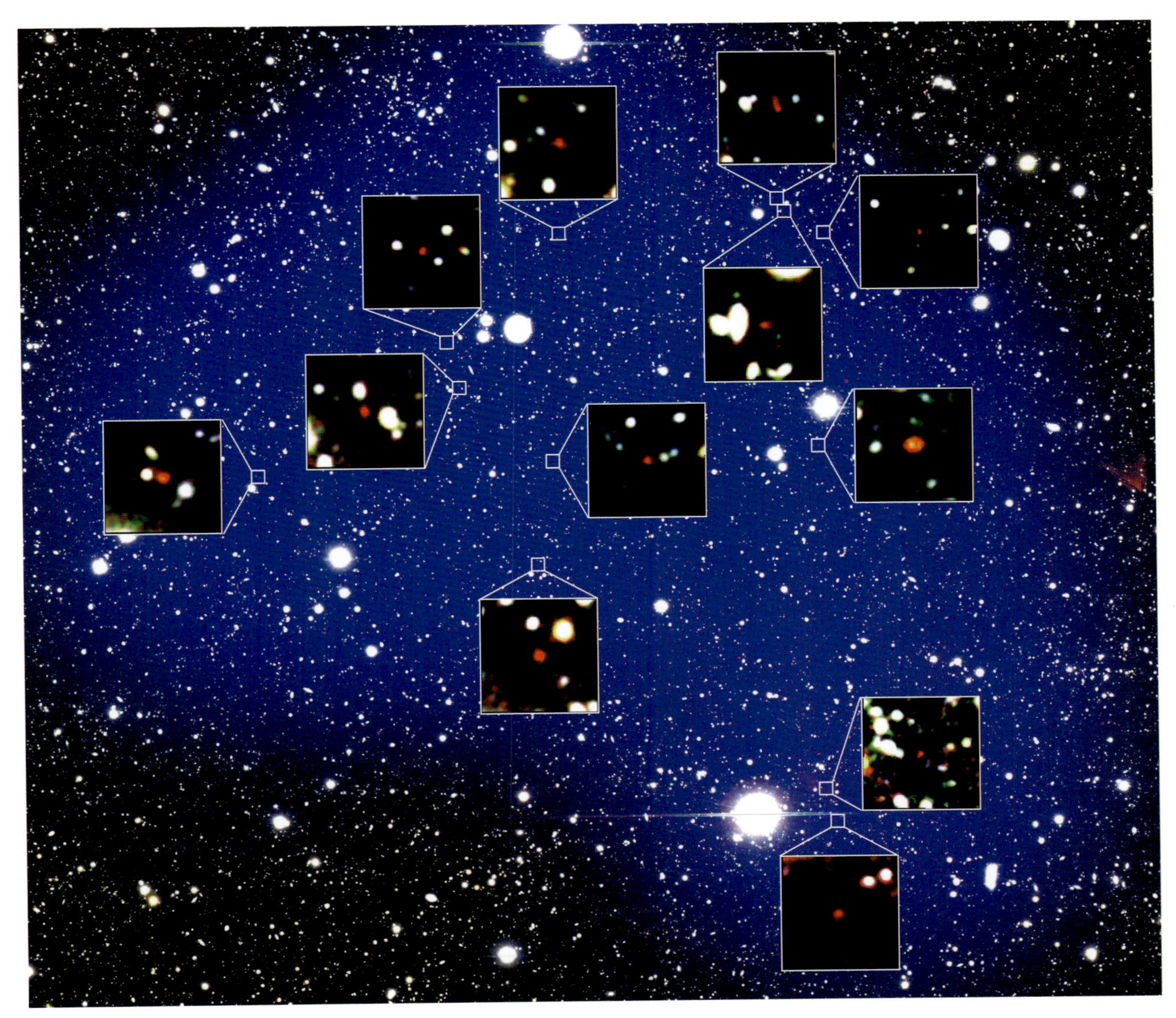

「宇宙の夜明け」に見つかった超巨大ブラックホールの光

松岡良樹（愛媛大学先端研究院宇宙進化研究センター）

星や銀河の美しい光が夜空を彩る一方で、宇宙には、光を放たない「影の主役」たちがいる。その1つがブラックホールだ。重い星が超新星爆発で一生を終えるとき、その中心部にあった物質は自身の持つ重力によって、永遠に縮み始める。これが「Sサイズ」のブラックホールの誕生、出生体重は太陽の数倍から数十倍ほどになる。一方で宇宙には「Lサイズ」のブラックホールも確認されている。「超巨大ブラックホール」と呼ばれるそれらの体重は太陽の100万倍から100億倍、銀河の中心に潜んでいる。Lサイズがどのように生まれるのか、なぜいつも銀河の中心に1つずつ住んでいるのか、これらは長年の謎となっている。

すばる望遠鏡は、大口径望遠鏡として随一の広視野を生かして、この謎に挑戦してきた。注目

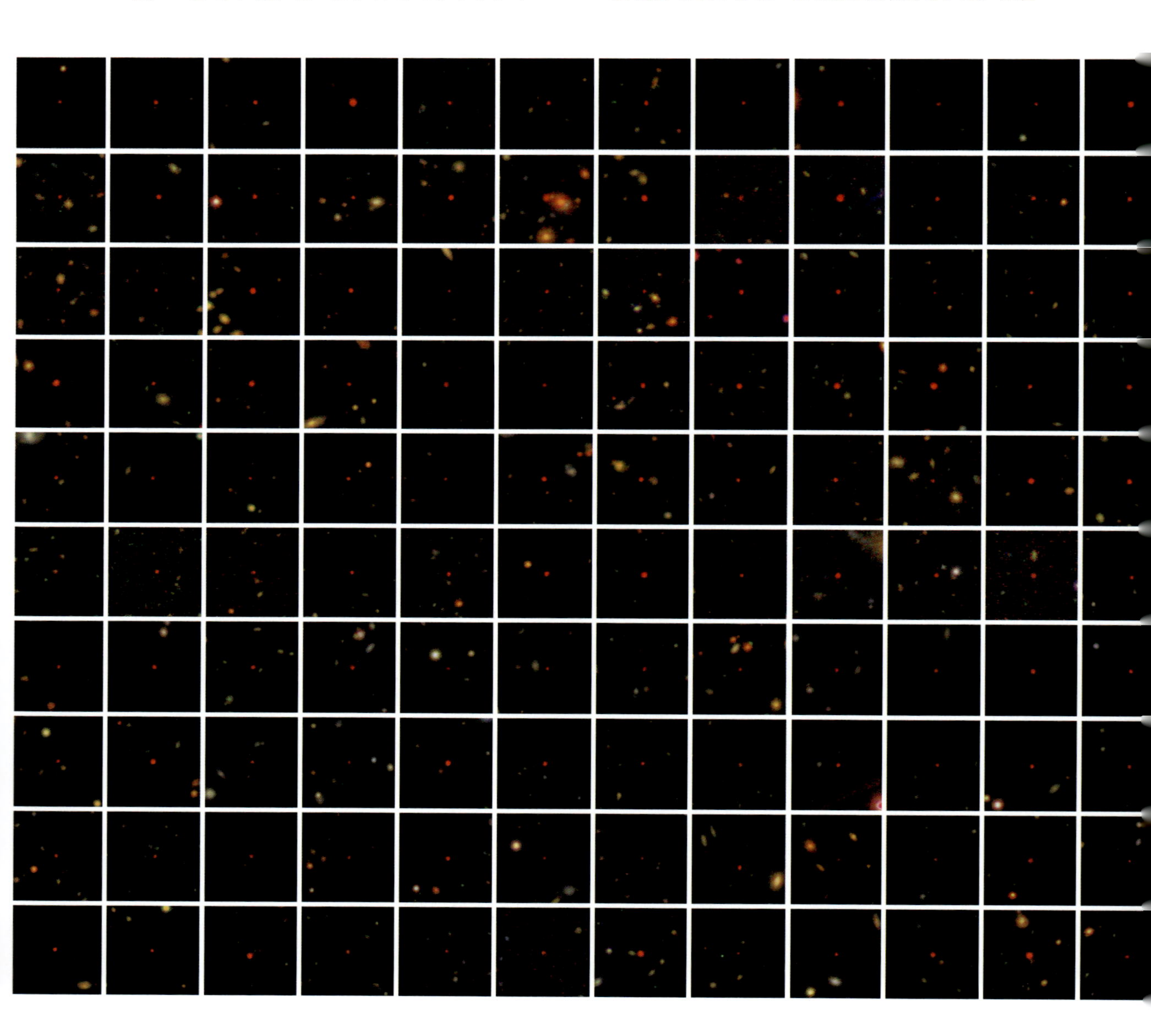

したのは「宇宙の夜明け」、初代の星や銀河、ブラックホールが生まれたはるかな過去の時代である。初代の天体が放つ光によって、宇宙空間がまるごとプラズマ化された「再電離期」と呼ばれる時代でもある。これまで10年以上にわたるすばる望遠鏡の探査によって、ビッグバンから10億年もたたない宇宙に、200個近くの超巨大ブラックホールが発見された。この画像は、その一覧である。各パネルの中心にある赤く小さな天体が、宇宙の夜明け、地球から130億光年彼方にある超巨大ブラックホールだ。ブラックホールは光を出さないので、吸い込まれる物質がこすれて熱くなり放射した光を捉えている。宇宙膨張による極端な赤方偏移[1)]で、とても赤く見える。

すばる望遠鏡はその高感度と広視野によって、広大な宇宙空間の中で、ほかの探査よりも遥かに弱い光しか放たないブラックホールまで見つけられる。いま宇宙の夜明けに人類が知るすべてのブラックホールのうち、およそ半数がすばる望遠鏡による発見だ。これらのブラックホールは、成熟した現在の宇宙にあるブラックホールに比べて、誕生時の記憶を色濃くとどめている可能性がある。NASAのジェイムズ・ウェッブ宇宙望遠鏡や南米チリのアルマ望遠鏡など、最先端の観測装置が活発な追調査を行っており、超巨大ブラックホールの様々な謎がこれから徐々に解き明かされていくと期待される。

1) 114ページ「赤方偏移」参照。

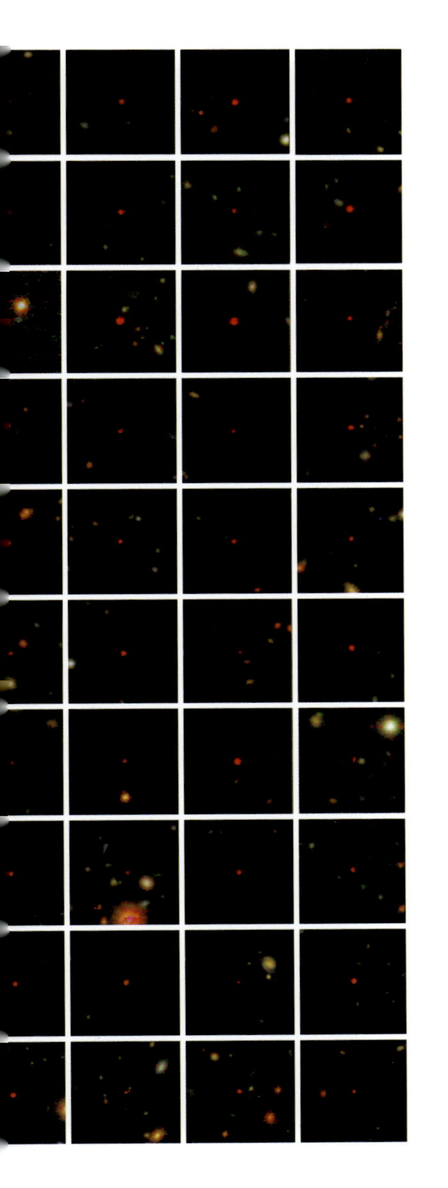

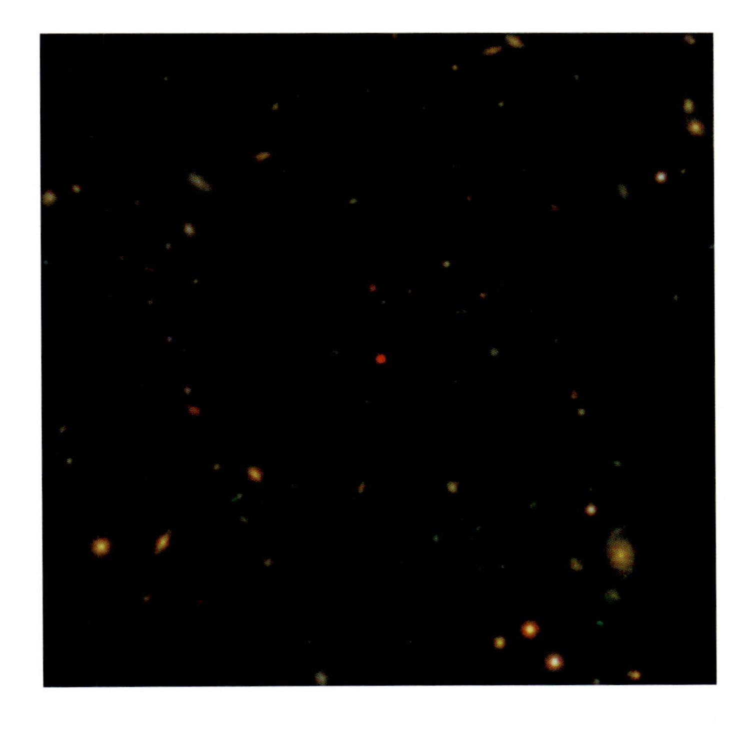

すばる戦略枠プログラム（HSC-SSP）によって発見された超巨大ブラックホール。約130億光年離れた遠方宇宙にあるため、宇宙膨張による赤方偏移と宇宙空間での光の吸収効果で、このように非常に赤く観測される。HSC-SSPでは、従来知られていた超巨大ブラックホールのわずか数パーセント程度の明るさの天体まで検出可能である。これによって、超巨大ブラックホールが宇宙の夜明けの時代にも普遍的に存在することが初めて明らかになった。

天の川銀河
星の一生（輪廻）

The Milky Way: Cycle of Stellar Life

私たちの住む天の川銀河（銀河系）は2000億個以上もの星の集まりだ。多くの場合、星は集団で生まれ、星団を作る。すばる望遠鏡は、生まれて間もない星団（星形成領域）を観測し、星がどのようにして生まれるのかという謎に挑んできた。キーワードの1つは、「星の質量関数」、星の体重分布と言い換えても良いだろう。つまり、どの重さの星がどの程度生まれるのかという問題だ。銀河全体の運命にも関わるこの問いに答えるために、すばる望遠鏡は、大質量星を含む星形成領域やそうでない星形成領域など、様々な領域を観測している。もう1つのキーワードは「惑星系形成」だろうか。生まれて間もない星がどのようにして太陽系のような惑星系を形成するのか（あるいはしないのか）という問いに答えるため、星形成領域内の個々の星とその周りの原始惑星系円盤などの構造を観測している。

星団で生まれた星々は、やがてお互いの重力の影響で散らばっていき、銀河内に分布する。一方で、年齢の古い星々が密に集まった球状星団というものも存在する。100億歳以上の星々からなる球状星団は「銀河の化石」とも呼ばれ、銀河のダイナミックな衝突・合体の歴史や化学進化を辿る足がかりになっている。

星は水素を燃料に輝き続けるが、燃料が尽きるとその一生の終わりに向かう。それが惑星状星雲や超新星残骸だ。終末期の星から放出された物質は、新たな星やそこで生まれるかもしれない生命の材料となり、次の世代の星が生まれる。星の死は終わりではなく、新たな星を生む輪廻の一部なのだ。宇宙は星の誕生と死を繰り返しながら進化を続けている。人間の時間感覚では実感しにくいが、星も、星の集まりである銀河もダイナミックなのだ。すばる望遠鏡の捉えた画像からそのような天体のドラマにも思いを馳せていただければ幸いである。

石井未来（国立天文台ハワイ観測所）

オリソン大星雲（M42）

星座：オリオン座　距離：1300光年
観測装置：HSC

HSCで撮像したこの画像では、星々の生まれる元となったガスとダスト（塵）が濃く集まった分子雲と、若い大質量星からの強烈な紫外線放射・星風によるせめぎ合いが、星雲の複雑な模様となって現れている。例えばトラペジウム（画像中央付近の4つの大質量星）の左下にある明るい棒状の構造（オリオンバー）は、濃い分子雲が大質量星からの紫外線によって浸食されつつある領域だ。次ページのほかの画像と比べると、HSCでは周辺の広い領域まで軽々とカバーしている。画像の上の方にはランニングマン星雲（星雲の暗い部分が、走っている人の形に見える）の姿が捉えられている。

赤外線の場合、補償光学（14ページ参照）を組み合わせることによって大気揺らぎのないシャープな画像を撮ることができる。2006年の188素子補償光学系のファーストライトで得られた画像（左）では、CISCOの画像（右）と比べて格段にシャープなトラペジウムの姿が捉えられている。

CISCOによるこの画像は、1999年のすばる望遠鏡の初観測（ファーストライト）で撮られた。青白く輝いているのは、画像中央付近の4つの大質量星（トラペジウム）によって電離されたガスとその反射光。画像の下（中央）から左上に向かって伸びている棒状の構造がオリオンバーだ。チョウが羽を広げたように見える赤い星雲は、ガスとダスト（塵）に深く埋もれた大質量星の活動によって形作られたもので、赤外線の観測装置でなければ見られない特徴だ。赤外線は人間の目には見えない光だが、可視光と同じく、異なる3つの波長で観測した画像に、青、緑、赤を割り当てて色合成（192-193ページ参照）した。

オリオン大星雲（M42）

星座：オリオン座　距離：1300光年
観測装置：CISCO（左）、MOIRCS（中央）、HSC（右）
IRCS＋AO188（左上）

オリオン大星雲は、大質量星を含む星形成領域としては太陽系から最も近く、最も詳細に研究されている星形成領域だ。すばる望遠鏡でも複数の観測装置でその姿が捉えられている。この領域では3000個もの若い星々が生まれているが、分子雲（ガスとダスト）に埋もれた若い星々を観察するのは、可視光よりもダストの吸収を受けにくい赤外線の観測装置（CISCO、MOIRCS、IRCSなど）が得意とするところだ。一番右のHSCによる可視光の画像と比べると、CISCOやMOIRCSによる赤外線画像には、分子雲に埋もれた星々がたくさん写り込んでいることが分かる。

2004年のMOIRCSのファーストライト（最初のエンジニアリング観測）で得られた画像。CISCOの9倍という、MOIRCSの広視野撮像の性能がこの領域の観測で確かめられた。

MOIRCS
HSC

星形成領域 Sh 2-106

星座：はくちょう座　距離：3600光年
観測装置：CISCO

画像中心付近に位置する若い大質量星（IRS4）から双極状に噴出した物質の流れ（アウトフロー）によって、まるで砂時計のような星雲が形作られている。星雲の内部では、IRS4からの紫外線により電離されたガスが光っている（青色の部分; 輝線星雲）。一方、星雲の端では、アウトフローにより押しやられたダスト（塵）がIRS4の放つ光を反射して光っている（赤色の部分; 反射星雲）。大質量星を含む星形成領域は、軽い星も含めて数百から数千もの星々が生まれる賑やかな場所だ。CISCOで撮ったこの画像からは、太陽の10分の1未満の質量で、恒星のように自ら光り輝く星になれなかった若い褐色矮星（かっしょくわいせい）の候補が数百個発見された。

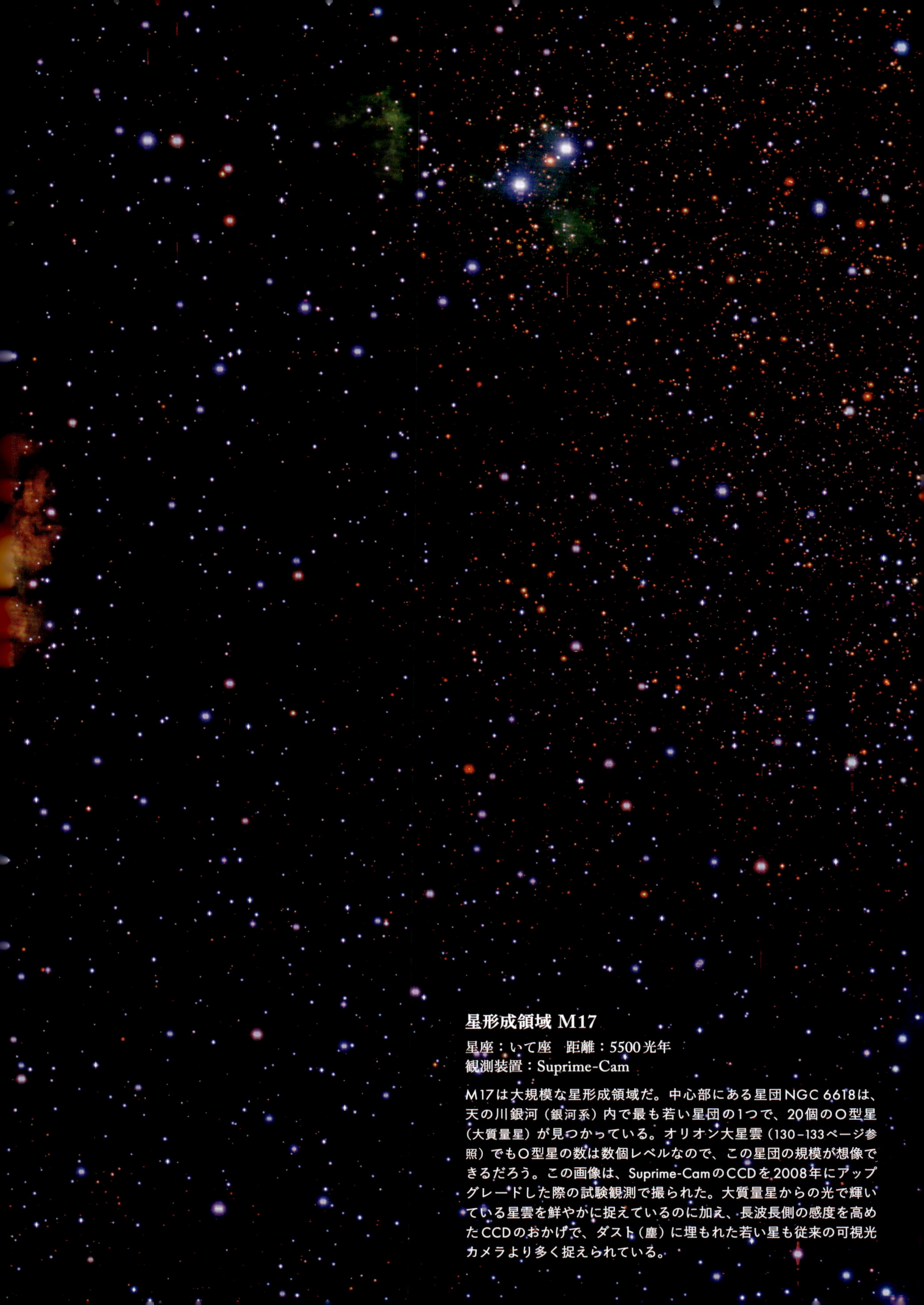

星形成領域 M17

星座：いて座　距離：5500光年
観測装置：Suprime-Cam

M17は大規模な星形成領域だ。中心部にある星団NGC 6618は、天の川銀河（銀河系）内で最も若い星団の1つで、20個のO型星（大質量星）が見つかっている。オリオン大星雲（130-133ページ参照）でもO型星の数は数個レベルなので、この星団の規模が想像できるだろう。この画像は、Suprime-CamのCCDを2008年にアップグレードした際の試験観測で撮られた。大質量星からの光で輝いている星雲を鮮やかに捉えているのに加え、長波長側の感度を高めたCCDのおかげで、ダスト（塵）に埋もれた若い星も従来の可視光カメラより多く捉えられている。

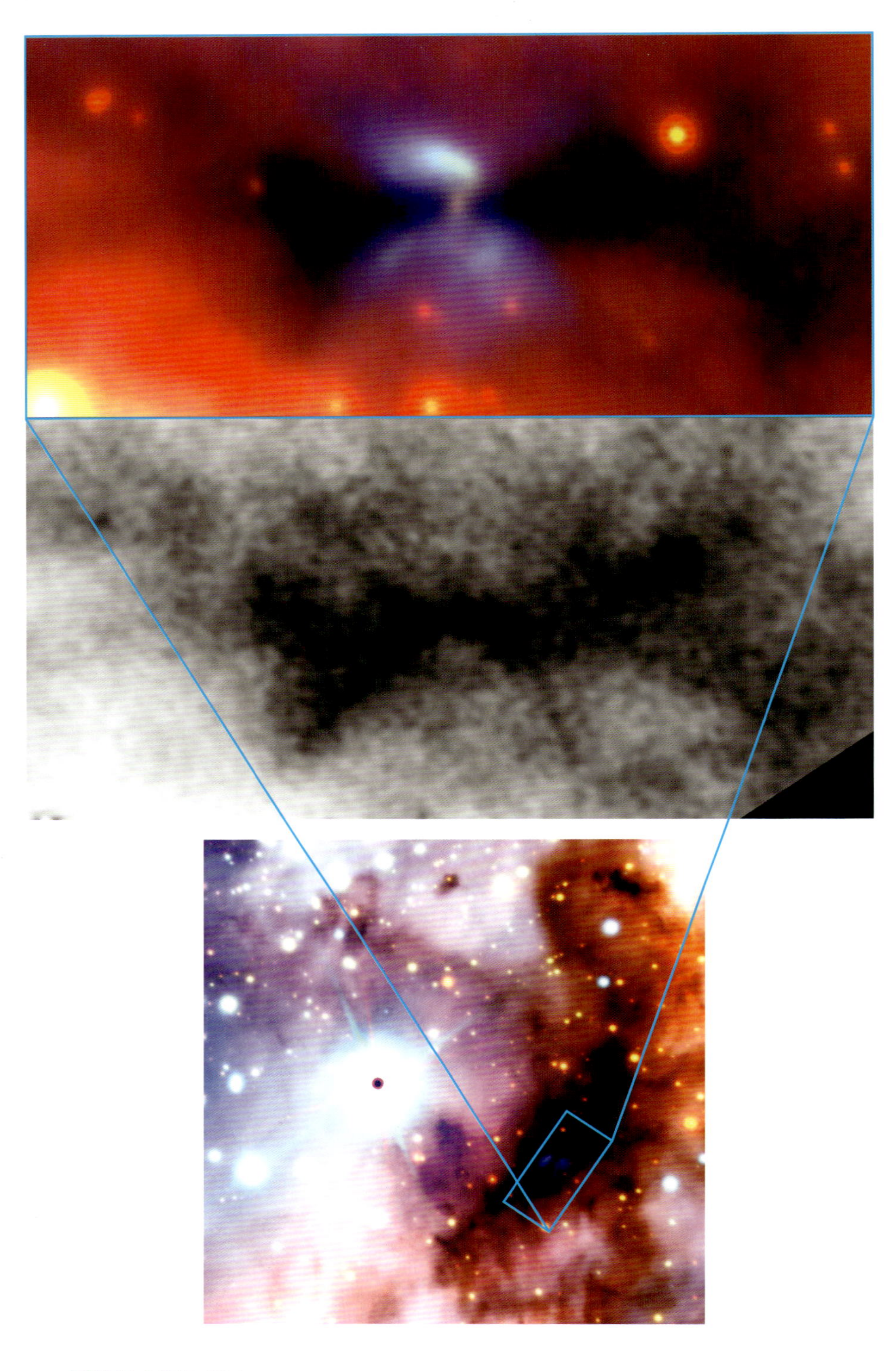

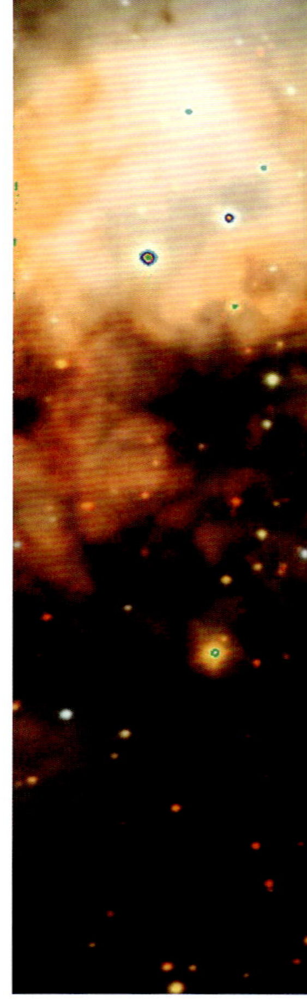

原始星 M17-S01

星座：いて座　距離：5500光年
観測装置：IRCS＋AO36

生まれて間もない星（原始星）は、星の材料となったガスとダスト（塵）の雲に覆われている。この構造をエンベロープと呼ぶ。エンベロープが星の周囲に降り積もって原始惑星系円盤（156ページ参照）を形成する。一方、原始星からのアウトフローは周囲の物質を吹き飛ばしてキャビティ（空洞）と呼ばれる構造を円盤の上下に作る。M17にある原始星を近赤外線で撮像した画像では、キャビティが原始星からの散乱光で光っている（上画像の青色部分）。そして、密度の高いエンベロープは砂時計型のキャビティを包む暗い影として見えている。
下の画像は、原始星エンベロープのシルエット（M17-S01）が発見された領域。原始星自身はダストに深く埋もれているため、赤外線でも散乱光でしか見えていない。

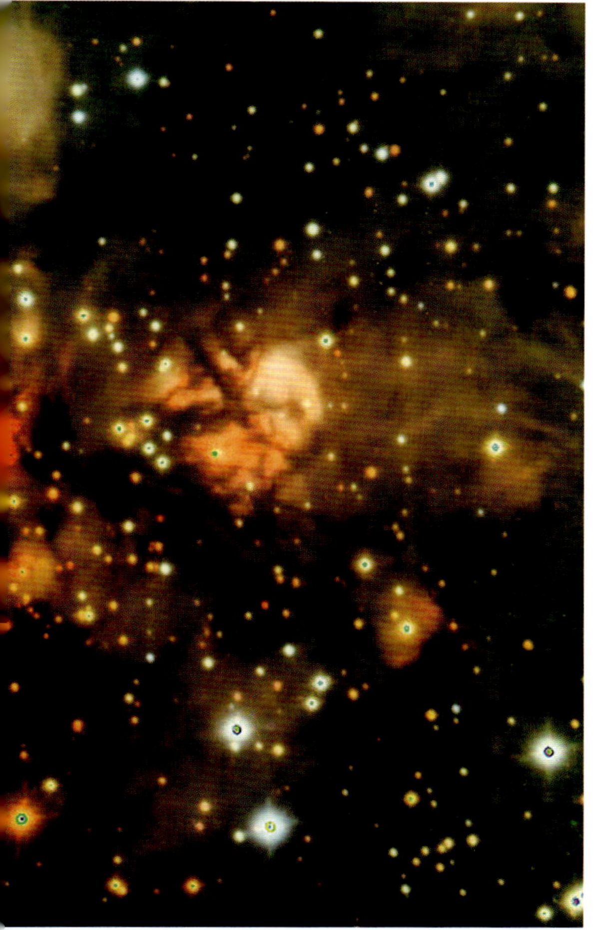

星形成領域 Sh 2-209

星座：ペルセウス座　距離：8200光年
観測装置：MOIRCS

どの重さの星がどの程度生まれるか（星の質量関数）は、銀河全体の運命をも左右する重要な要素であるため、様々な星団で調査されている。「Sh 2-209」は、天の川銀河（銀河系）の外縁部にある星形成領域で、太陽系近傍とは異なり、ヘリウムより重い元素が少ない環境にある。このような、100億年前の宇宙に似た環境ではどのような星が生まれるのかを調べるため、この画像が撮られた。遠くの星形成領域になるほど、個々の星を分解し、その明るさ（重さ）を暗い（軽い）星まで測ることは困難になるが、すばる望遠鏡の高感度・高解像度によって、太陽の10分の1の重さの星まで明確に捉えられた。

星形成領域 W3 Main

星座：カシオペヤ座　距離：6500光年
観測装置：CISCO

大量の星が集団で生まれている現場を捉えた1点。画像中央付近の赤い色で表されている領域は、オリオン大星雲のトラペジウム（130-133ページ参照）のように若い大質量星が密集している現場だ。その周辺にも複数の大質量星が存在し、これらの星が生まれた名残であるガスやダスト（塵）を照らして明るい星雲を形作り、分子雲と絡み合って複雑な模様を織り成している。大質量星を含む星形成領域では、軽い星も含めてたくさんの星が生まれているので、星の人口調査（どの質量の星が、どれくらいの数生まれるかを導くこと）を行うことができる。この画像からは、恒星よりも軽い褐色矮星が恒星と同数くらい存在することが発見された。

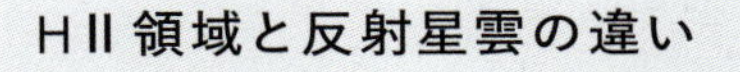

HⅡ領域と反射星雲の違い

若い恒星の周囲で光るガス星雲には、HⅡ（エイチツー）領域[1)]と反射星雲の2種類がある。恒星は質量が大きいほど高温で、紫外線を多く放射する。そのため、HⅡ領域は紫外線によって水素ガスが電離される大質量星の周りにできる。一方、反射星雲はHⅡ領域を作るほど高温ではない恒星の光によって、周りのガスが照らされて輝いている。色の違いもあり、HⅡ領域では水素ガスが赤く光っているのに対し、反射星雲では青い光が効率的に散乱されるため、通常青い色をしている。

オリオン大星雲が赤いHⅡ領域なのと対照的に、同じ画像のすぐ上（北）に青い反射星雲がある[2)]。星雲の黒い部分が走っている人の姿に見えることから、ランニングマン星雲というニックネームがついている。この黒い部分は、恒星からの光がダスト（塵）に遮られて黒く見える暗黒星雲で、エッジオン銀河[3)]で銀河円盤の中央に黒い帯状のダストレーンが見えるのと同じ原理である。

画像の色については、本書では赤外線の疑似カラー画像や、可視光でも自然の色と異なる色合成を行っている画像が多いことにご注意いただきたい。

1) 59ページ「銀河に見られる赤い光」参照。
2) 130–131ページ参照。
3) 64ページ「エッジオン銀河」参照。

臼田-佐藤功美子（国立天文台ハワイ観測所）

反射星雲 NGC 1333（星形成領域）

星座：ペルセウス座　距離：980光年
観測装置：Suprime-Cam、MOIRCS

可視光と近赤外線の波長で色合成した星形成領域の画像である。青色で表されている星雲は、中質量星から放たれた光がダスト（塵）に散乱されて光っている反射星雲だ。左上の明るい反射星雲に対して、右下には赤色で表された特徴がいくつも見える。これらは、ダストに覆われている若い星や、若い星からの質量放出（アウトフローやジェット）によって輝いているガスを示している。この画像からは巨大惑星と同程度の重さの天体が発見されたが、そのような「浮遊惑星」（恒星を周回せず宇宙空間を漂う惑星質量の天体）がどのように生まれたのかは未解決の問題となっている。

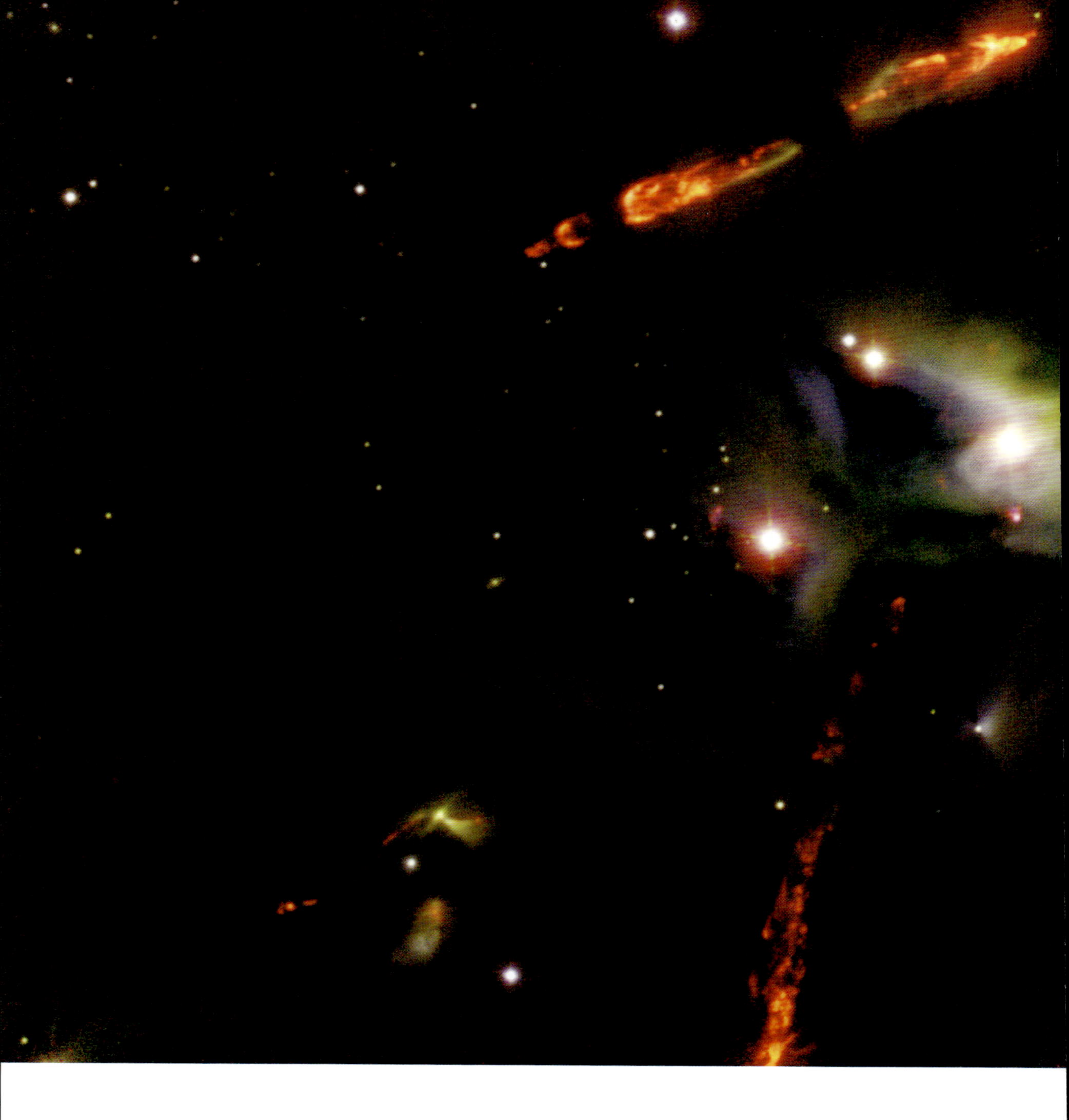

フライング・ゴースト星雲とハービッグ・ハロー天体（HH211ほか）

星座：ペルセウス座　距離：1000光年
観測装置：MOIRCS

生まれて間もない星（原始星）は、星の材料となったガスとダスト（塵）に覆われているため、ダストを透過しやすい近赤外線を用いても直接見ることができない。しかし、原始星からのアウトフローやジェットによって吹き払われて薄くなった部分からその存在を知ることができる。ペルセウス座分子雲にある星形成領域を近赤外線で見たこの画像には複数の原始星が捉えられている。原始星から吹き出す双極のジェットが周囲のガスを光らせているハービッグ・ハロー天体（赤色）や、キャビティ（ガスが吹き飛ばされて空洞状になった部分）での散乱光（青色）がその証拠だ。画像中央の明るい星雲はフライング・ゴースト星雲と呼ばれていて、やはり若い星が埋もれている。

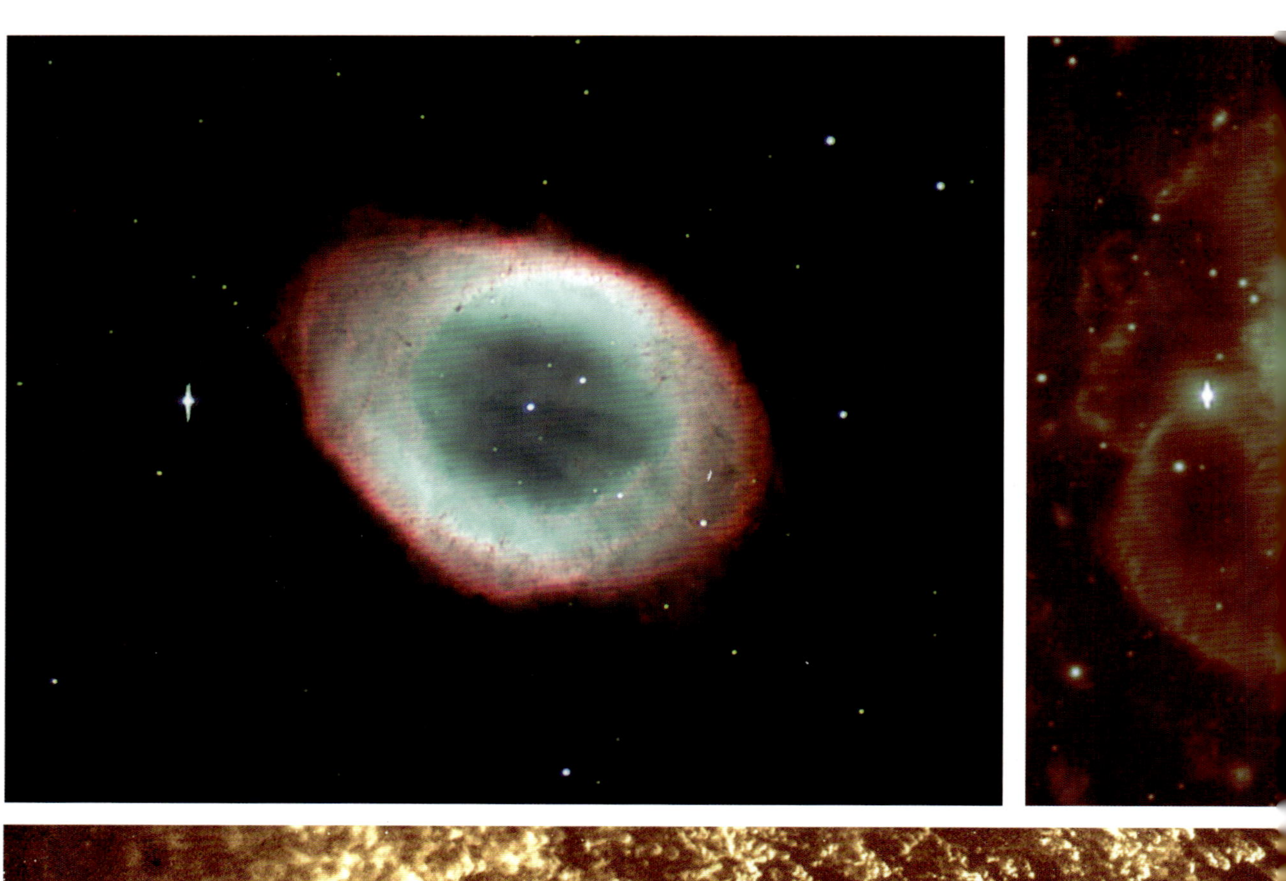

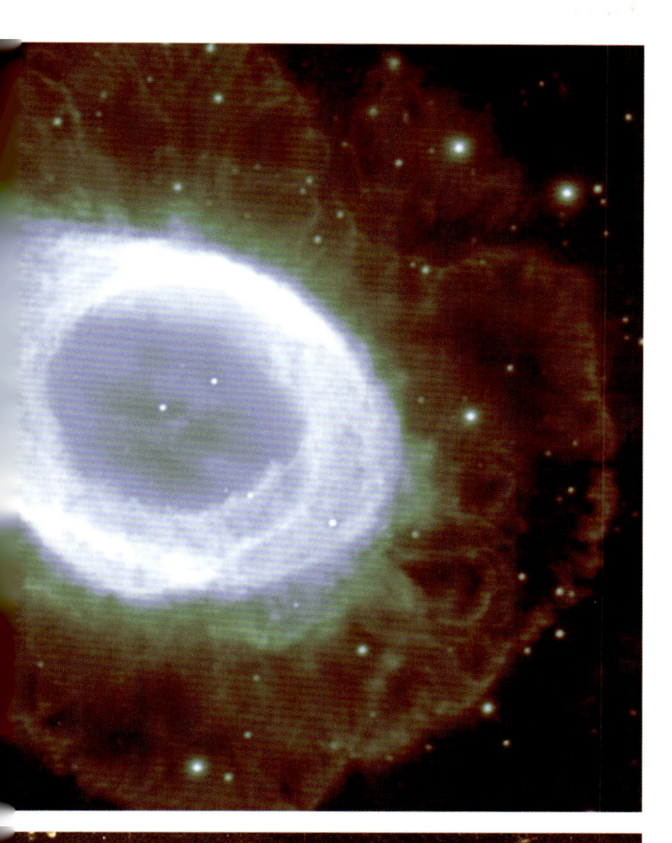

惑星状星雲 M57

星座：こと座　距離：2600光年
観測装置：Suprime-Cam

その形から「環状星雲(リング星雲)」と呼ばれているこの天体は、星の終末期の姿だ。太陽のような恒星は、一生の終盤で外層が膨張し赤色巨星になる。膨らんで放出された外層が、星からの紫外線によって輝いているのが惑星状星雲だ。M57もそのような天体で、輝くリングの中心には、赤色巨星が外層を失い、中心核が収縮したコンパクトな天体、白色矮星がある。白色矮星は、太陽と同じくらいの重さの恒星の最期である。右の画像は、電離した水素ガスの光Hα（エイチアルファ）輝線を観測した画像に、疑似カラー処理を行ったもの。ハローと呼ばれる微かな構造が、まるでバラの花びらのように幾重にもリングを取り巻いていることが分かる。左側は3種類のフィルターで撮った画像を目に見える色に似せて合成した画像だ。

らせん状星雲（NGC 7293）

星座：みずがめ座　距離：650光年
観測装置：MOIRCS

らせん状星雲は太陽系の最も近くにある惑星状星雲の1つで、見かけの大きさは満月の大きさほどもある。MOIRCSによるこの画像は、比較的濃いガス（水素分子）の塊が中心星からの強烈な紫外線や粒子の風（星風）によって蒸発し、外側へたなびいている様子を捉えている。画像に写ったガスの塊の数は4万個にも及び、同心円状に広がっている様はまるで宇宙の「花火」のようだ。

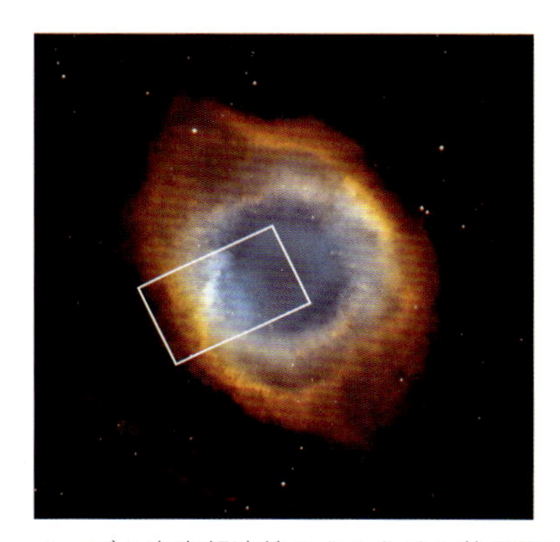

ハッブル宇宙望遠鏡によるらせん状星雲の可視光画像。白い四角で囲った部分が、すばる望遠鏡で捉えた領域。

左：**キャッツアイ星雲（NGC 6543）**
星座：りゅう座　距離：4200光年
観測装置：HSC

右上：**惑星状星雲 BD＋30 3639**
星座：はくちょう座　距離：4900光年
観測装置：CIAO

右下：**惑星状星雲 NGC 2392**
星座：ふたご座　距離：6000光年
観測装置：超高感度ハイビジョンカメラ

太陽のような星の終末期に現れる星雲が「惑星状星雲」と呼ばれるのは、小さな望遠鏡を使って観察していたころに惑星のように見えたことの名残である。大きな望遠鏡で観測すると、その形状は天体ごとに異なり、多様で複雑な構造を見せてくれる。星からの外層放出量や方向の変化、星の温度や伴星の存在など、様々な要因によって形作られていった星雲は、ほんの一時の間に宇宙に浮かぶ宝石のようだ。星から放出された物質は星間空間に広がり、いずれどこかで集まって、新しい星が生まれる材料となる。

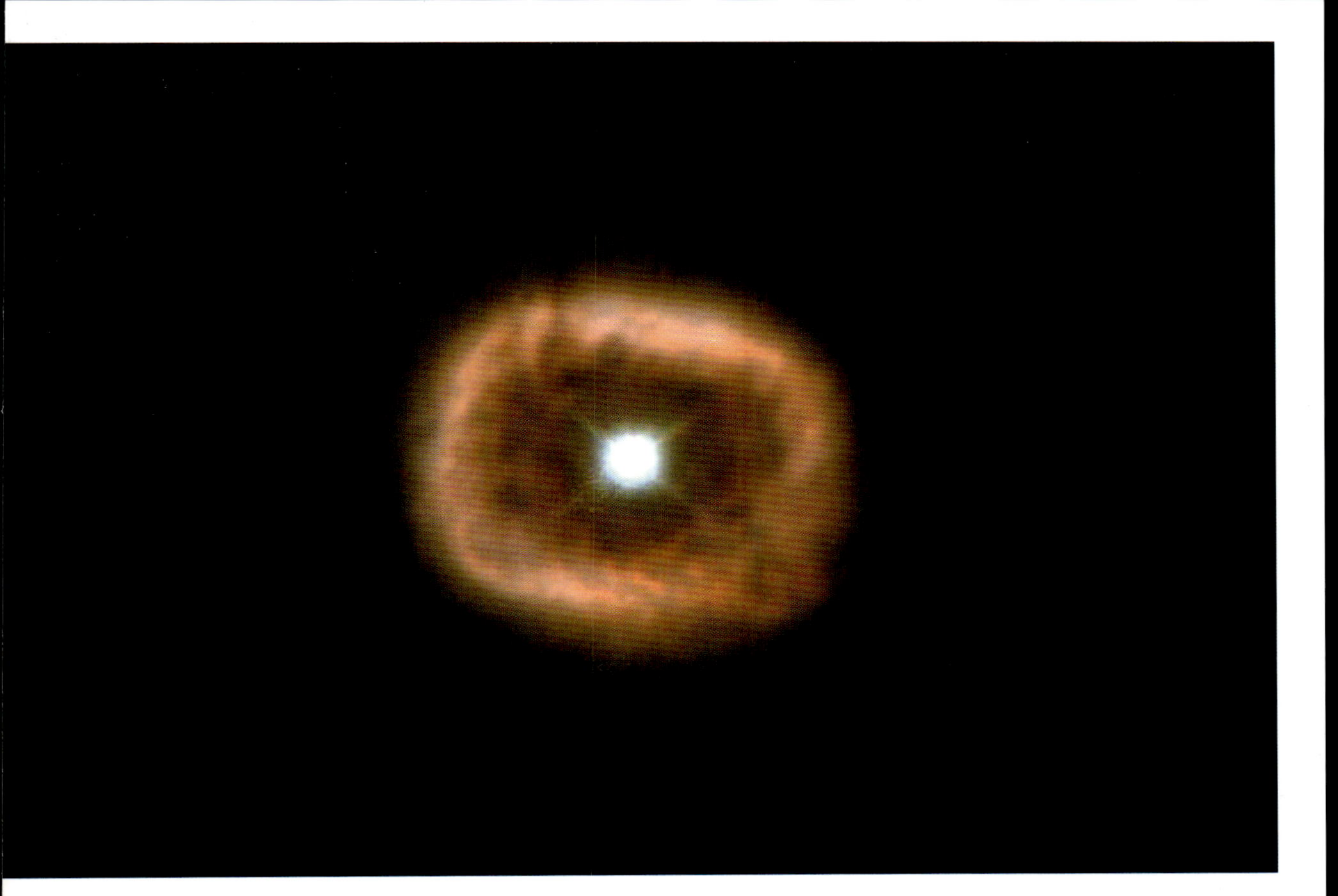

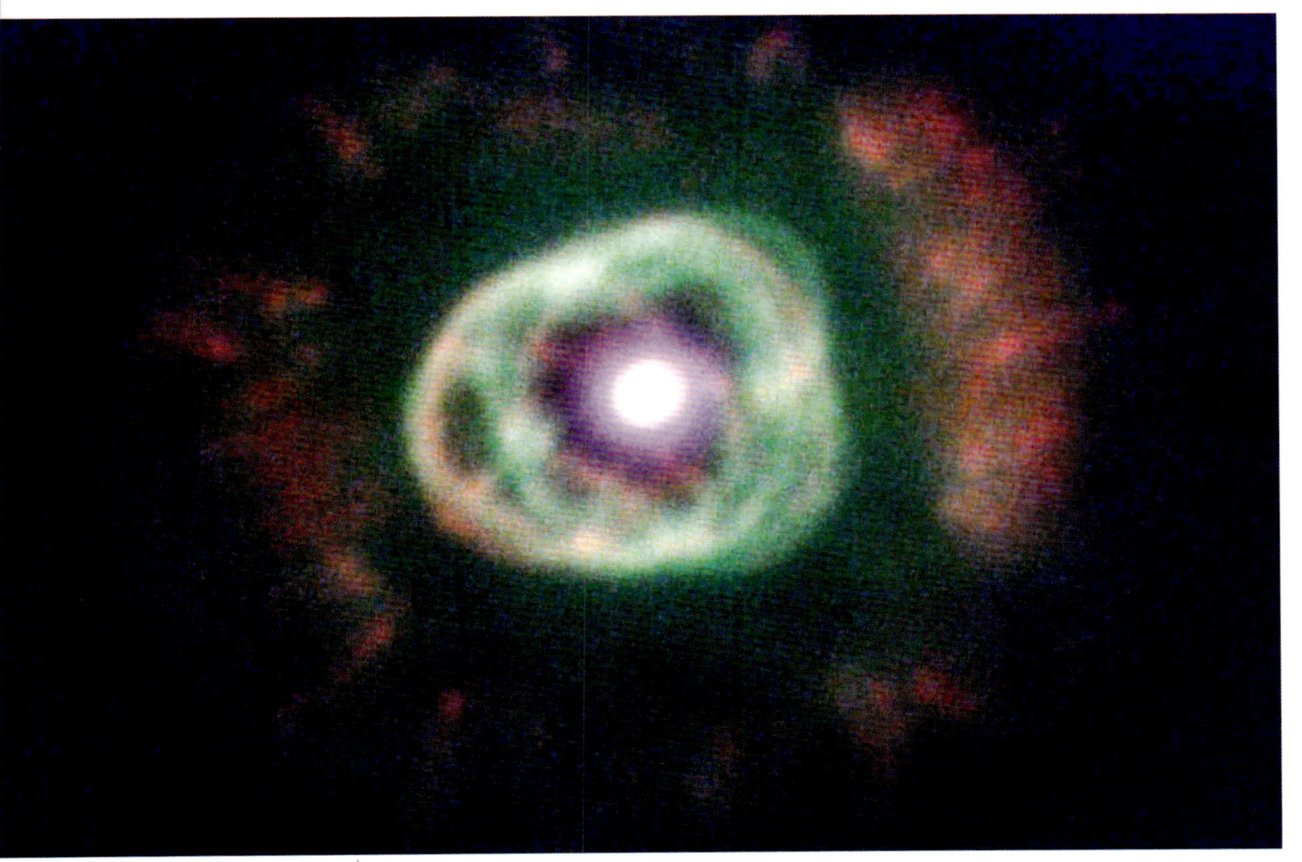

かに星雲（M1）

星座：おうし座　距離：6500光年
観測装置：Suprime-Cam

太陽と同じくらいの質量の恒星は、惑星状星雲と白色矮星（144-147ページ）になって一生を終えるが、大質量星はその最期に超新星爆発を起こす。かに星雲の超新星爆発は約1000年前で、日本や中国の記録に残されている。その光が届くまでに6500年かかることを考えると、実際に爆発が起こったのは新石器時代のことだ。大質量星の命は短く、その最期は華々しい。星を光らせていた燃料を使い果たすと重力崩壊し、その過程で大爆発を起こす。爆発後に残されるのが、かに星雲に代表される超新星残骸だ。大質量星では、核融合の過程で鉄までの様々な元素を作り出し、それが超新星爆発によって宇宙空間に大量に放出される。そしてそれは、新しい星、惑星、さらにはそこに生まれる生命の材料にもなる。私たちは星からできているのだ。

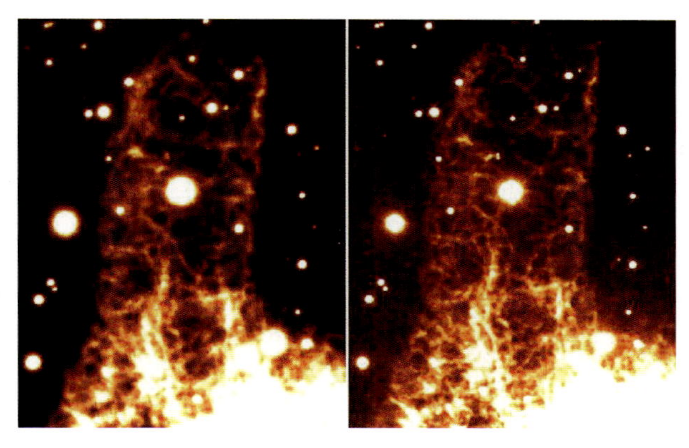

かに星雲の突起状の構造が、星雲の膨張に従って移動していく様子。左は1988年にアメリカの天文台で撮影されたもの。右は17年後（2005年）にすばる望遠鏡で撮影したもの。

球状星団

複数の恒星が集まっているものを星団といい、大きく散開星団と球状星団の2種類に分類される。散開星団では比較的緩やかに星が集まっているが、球状星団ではほぼ球状に星が集まり、中心に近いほど星が密集している。球状星団の多くは星の年齢が古く、ヘリウムより重い元素（天文学では「金属」と呼ぶ）が少ない。こうした古い球状星団は、銀河が生まれたころに形成されたと考えられているので、銀河の誕生と進化の過程を調べる手がかりになる。

天の川銀河（銀河系）の球状星団は、銀河の中心付近から、銀河を取り囲むように広がるハローと呼ばれる領域にかけて多く分布しており、これまでに200個近くが発見されている。比較的若い球状星団や、星団内で金属量や年齢に幅がある球状星団などが発見され、球状星団の多様性が明らかになりつつある。

松元理沙（国立天文台ハワイ観測所）

球状星団 パロマー3（Sextans C）

星座：ろくぶんぎ座　距離：33万光年
観測装置：HSC

一見、銀河のようにも見えるが、実は天の川銀河（銀河系）に付随する球状星団だ。天の川銀河内で見つかっている球状星団の中では最も遠くにあるものの1つ。年齢は、天の川銀河の内側の方に分布する典型的な球状星団（例えば、153ページのM5）より若く、100億歳程度だ。また、M5と比べると星の密集度が低いことが画像からも分かる。近年、M5を含む多くの球状星団に第二世代の星が見つかっているが、このパロマー3は同世代の恒星のみで構成されており、球状星団にも多様な性質があることが分かりつつある。

球状星団 Whiting 1

星座：くじら座　距離：9万6000光年
観測装置：HSC

2002年に発見されたこの球状星団は、天の川銀河（銀河系）の一般的な球状星団に比べると年齢が60億歳程度と若く、星の集まり具合も緩やかだ。周囲にはこの星団のメンバーだったと考えられる星々が帯状に分布して見つかっている。さらに、この星団の星は、天の川銀河の衛星銀河の星と似た性質を持っている。これらの証拠から、この星団は衛星銀河の中で生まれたもので、天の川銀河と衛星銀河の衝突の過程で、衛星銀河から引き剝がされたのだろうと考えられている。球状星団を調べると、銀河のダイナミックな衝突・合体の歴史が辿れるのだ。

球状星団 M5

星座：へび座　距離：2万4000光年
観測装置：FOCAS

10万個以上の星から成り、北半球から見える球状星団の中では最も明るいものの1つだ。年齢は130億年程度と、天の川銀河（銀河系）で最も古い星団の1つ。球状星団の星は銀河形成期の記憶を留めているため「銀河の化石」とも呼ばれ、銀河の歴史を紐解くための手がかりにもなる。一方、球状星団がどのように生まれたのかという点は未だ謎に包まれている。

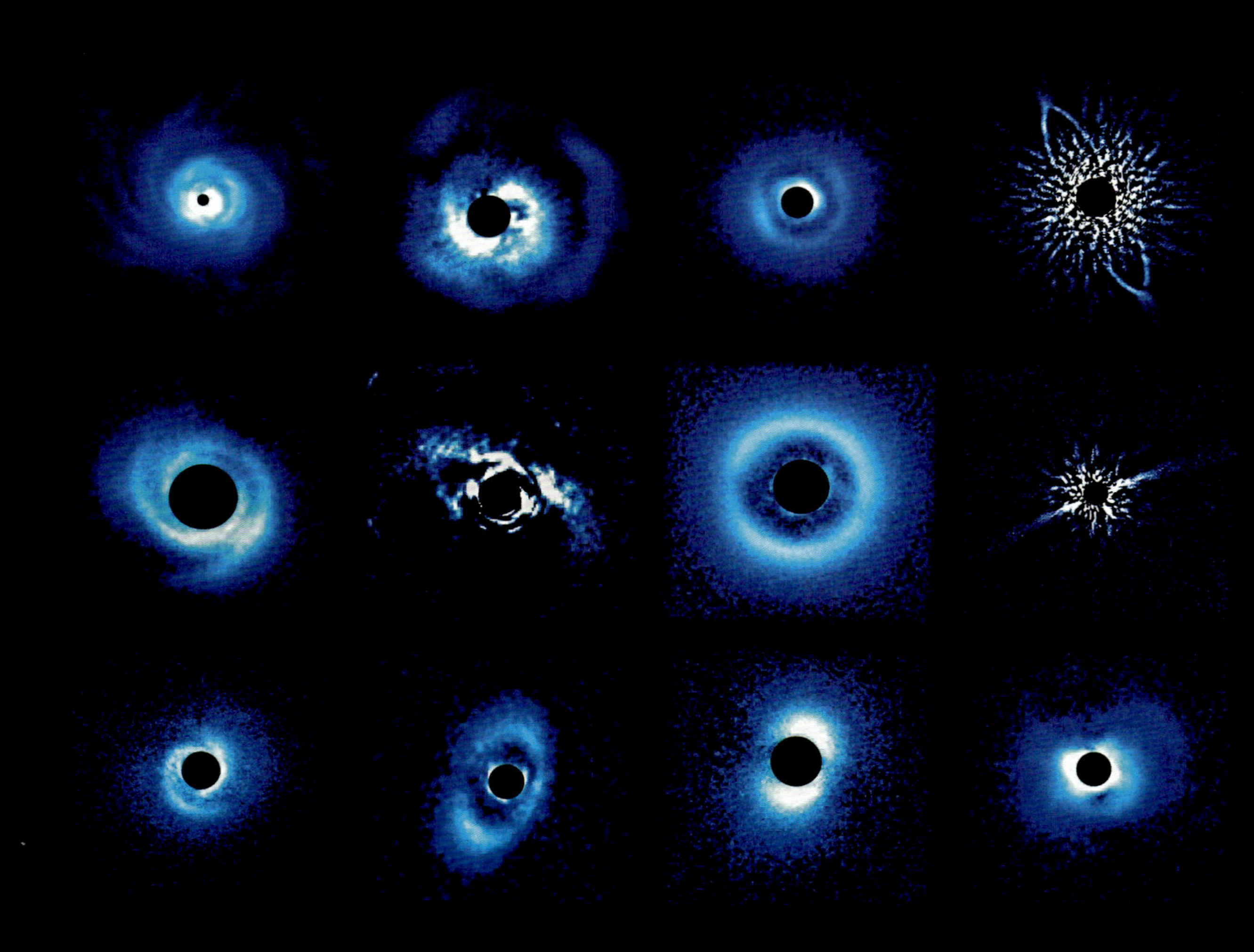

惑星系の誕生と太陽系天体

Birth of Planetary Systems and Solar System Objects

私たちの住む地球や太陽系はどのように生まれたのだろうか。地球はなぜ生命を宿すに至ったのか。そして、地球以外にも生命を育む惑星は存在するのか。この人類共通の根源的な疑問に答えるため、多分野にわたる数多くの研究が行われている。すばる望遠鏡は、大口径による集光力と高解像度を生かし、太陽系や惑星形成の研究で大きな成果を挙げている。

惑星はどのように生まれるのか。太陽系ではすでに惑星ができあがっているが、太陽以外の恒星に目を向けるとその手がかりがある。すばる望遠鏡は、若い星の周囲に存在するガスやダスト（塵）の円盤、いわゆる「原始惑星系円盤」の姿を直接捉えることに成功した。そこで見いだされた、渦巻きやリング、空隙などの円盤の微細な構造は、惑星形成の徴候と考えられ、理論的な研究を加速させている。また、補償光学の技術を駆使した観測装置の改良を重ねることによって、円盤内にある生まれたばかりの惑星を直接撮像することにも成功している。

生命を宿す惑星は地球以外にも存在するのか。その答えを求め、近年では、生命を育む可能性がある「ハビタブルゾーン」に位置する惑星を探す様々な試みが行われている。すばる望遠鏡では、太陽より低温の恒星の周りで地球のような惑星を探す探査観測が進行中だ。次世代の超大型望遠鏡（TMT）などで、これらの惑星の大気を調べ生命の兆候を探せるようになる日が楽しみである。

さらに、太陽系の天体に目を向けると、太陽系や惑星がどのように形成されて現在の姿に至ったのかを理解するための重要な手がかりを与えてくれる。すばる望遠鏡は広視野と高感度を生かし、小惑星や衛星、さらには太陽系外縁部の小天体を数多く発見している。これらの天体の性質や分布を調べることで、太陽系がどのように形作られ、その後どのように変化して現在の構造になったのかを明らかにする手がかりが得られる。

すばる望遠鏡が捉えた画像を通じて、太陽系の成り立ちや惑星誕生の物語に心を寄せていただきたい。

石井未来（国立天文台ハワイ観測所）

すばる望遠鏡で探る惑星系が生まれる現場

田村元秀（東京大学大学院理学系研究科／アストロバイオロジーセンター）

惑星は、恒星の誕生とともにその周囲にガスとダスト（塵）が円盤状に集まった「原始惑星系円盤」から生まれる。太陽の隣の恒星までは4光年も離れているが、恒星や惑星が生まれている現場はさらに遠く、最も近くの若い星は典型的にはその100倍以上も離れている。そのため、ほぼ太陽系のサイズ（太陽–地球の距離の100倍程度、100天文単位）しかない原始惑星系円盤を観測するためには、すばる望遠鏡の限界の解像度（回折限界[1]）である、0.1秒角[2]以下の解像度が必要となる。

2000年代に、すばる望遠鏡に搭載された補償光学系[3]により、大気揺らぎがリアルタイムで補正されて、視力1000に相当する観測ができるようになった（158ページ上の画像）。観測波長は、人間の目では見えない1–2マイクロメートルの近赤外線である。さらに、明るい中心星からの光を抑制して、その周囲の円盤や暗い惑星などを観測するコロナグラフ技術が発展すると、2010年代には多くの原始惑星系円盤が様々な構造を持っていることが初めて分かった。

ハッブル宇宙望遠鏡でも原始惑星系円盤は見つかっていたが、その円盤形状はともあれ、円盤構造までは議論できなかった。すばる望遠鏡では、円盤中の微細な構造、すなわち隙間（ギャップ）、輪（リング）、渦巻き（スパイラル）など多彩な構造が見えてきた（下図）。このような構造の原因は、円盤中の惑星の重力の影響と考えられ、円盤に埋もれて未だ見えない赤ちゃん惑星（原始惑

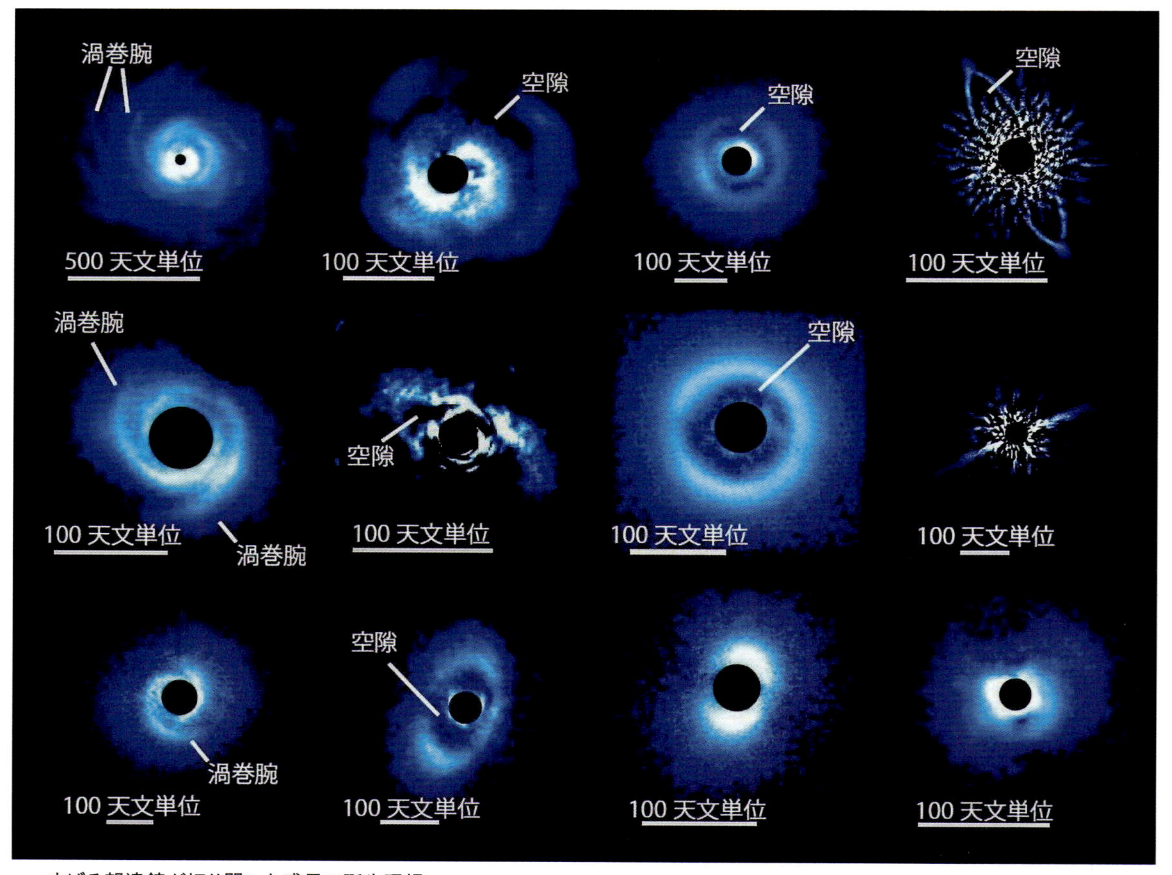

すばる望遠鏡が切り開いた惑星の誕生現場
すばる望遠鏡SEEDSプロジェクトで撮影された、若い恒星の周りの円盤の画像ギャラリー。観測波長は赤外線。中心星からの光が円盤の表面で反射した光の成分のみを取り出している。円盤中に空隙構造や渦巻腕構造があることが明らかに分かる。

星）が存在する間接的証拠と考えられた。そして、補償光学の技術がさらに進歩して、2022年には、ついに円盤中に埋もれた原始惑星そのものの直接的検出に成功したのである（159ページの画像）。

補償光学とコロナグラフ装置の進化[4)]

すばる望遠鏡の初代コロナグラフ装置CIAO（チャオ）は、すばる第一期観測装置群の1つで、2000年当時、世界の8メートル級望遠鏡で唯一のコロナグラフ装置として、主に円盤や伴星の観測で活躍した。補償光学系は、大気の乱れを測り、それを直すために形状変化する鏡とセンサー（可変形鏡と波面センサー）が36素子のもので、波長2マイクロメートルで最適化されていた。

2代目コロナグラフ装置HiCIAO（ハイチャオ）は、188素子の可変形鏡を利用したより高度な補償光学系のために新規開発され、2009年から2015年の第一回すばる戦略枠観測SEEDS（シーズ）プロジェクトで120夜の集中観測を行った。その結果、第二の木星とも呼べる系外惑星（太陽系外惑星）の直接撮像（161ページ上の画像）や多数の円盤の微細構造（左ページの画像）の観測に成功した。

3代目コロナグラフに対応するSCExAO（スケックスエーオー）は3000素子の可変形鏡[5)]に対応する光学素子を持ち、あたかも、すばる望遠鏡を大気の影響の皆無な宇宙空間に打ち上げたような優れた結像性能を誇る。検出器としては、初期にはHiCIAO、現在はCHARIS（カリス）と呼ばれる撮像分光装置を用いる。その優れた性能の結果、より数多くの系外惑星の直接撮像の成功、原始惑星の発見など、最近目覚ましい成果を挙げている。

すばる望遠鏡は、このような観測装置の不断の発展によって、望遠鏡自体は完成時の性能を維持しつつも、トータルな天体観測性能としては著しく成長し、系外惑星や星周円盤の直接観測において世界のトップを走ってきたのである。

1）回折限界とは、望遠鏡の口径によって決まる解像度のことである。口径が大きい望遠鏡ほど高い解像度を得られる。しかし地上望遠鏡では、通常、地球大気による星像の揺らぎが回折限界を上回るため、回折限界の画像を得るには補償光学の技術が必要となる。
2）1秒角は、1度の3600分の1。
3）補償光学系については、14ページ参照。
4）16-17ページ「すばる望遠鏡　観測装置年表」参照。
5）SCExAOでは、2000素子の可変形鏡から3000素子へのアップグレードが進行中（14ページ参照）。

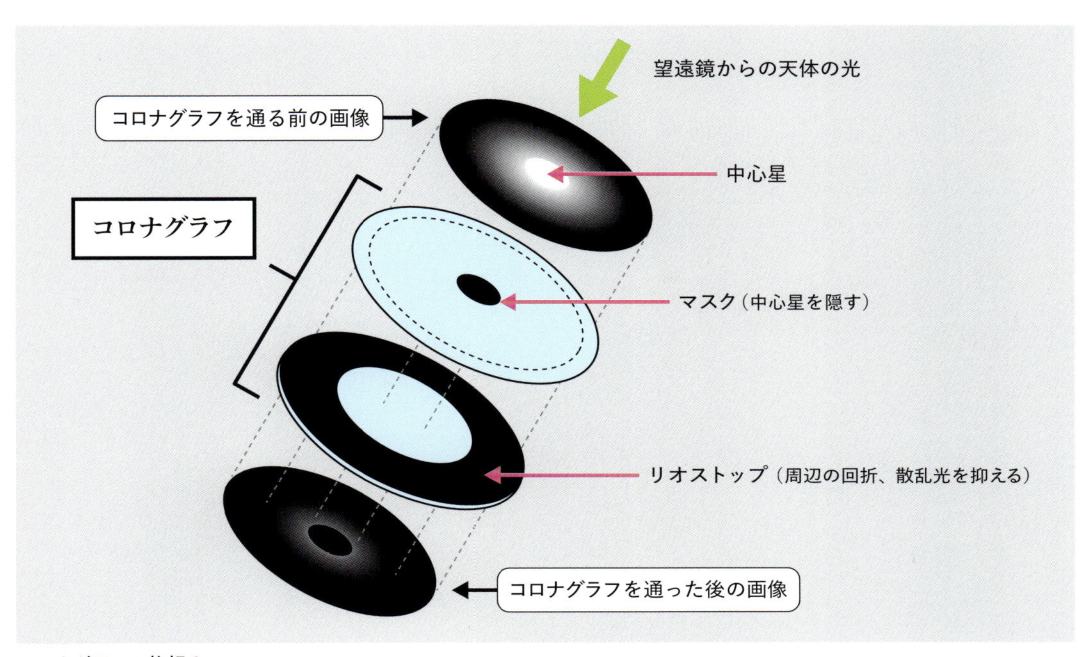

コロナグラフの仕組み
中心の明るい天体は円形のマスクで隠され、さらに「リオストップ」によって回折、散乱光も取り除かれる。これにより、中心天体の周りの暗い天体が見えやすくなる。
＊回折：光が波の性質を持つために、望遠鏡の鏡や観測装置の開口部を通る際に広がる現象。

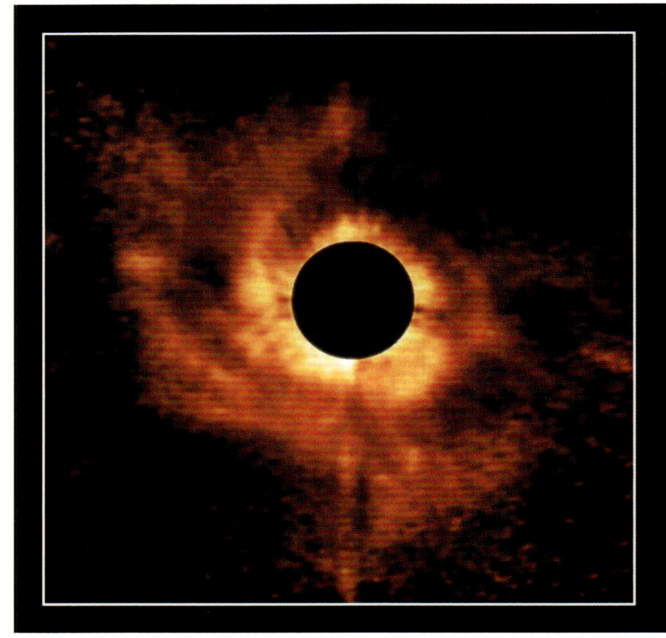

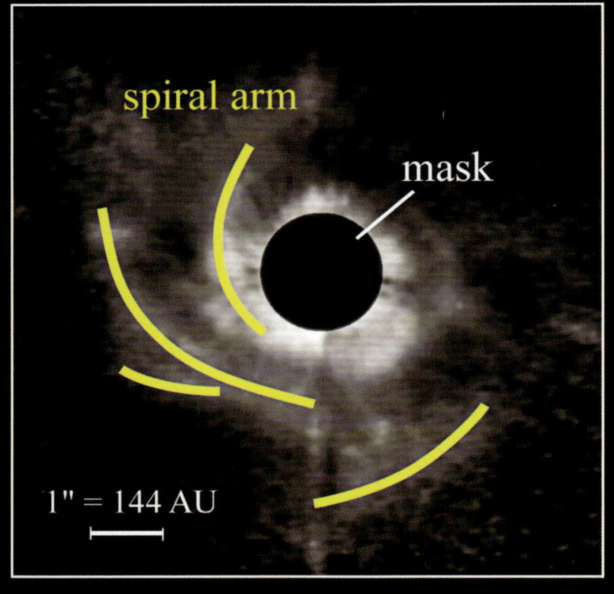

ぎょしゃ座AB星の周りの原始惑星系円盤（2004年）

星座：ぎょしゃ座　距離：470光年
観測装置：CIAO＋AO36

すばる望遠鏡の初代コロナグラフCIAO（チャオ）が写した原始惑星系円盤。円盤の外側の渦巻腕構造が初めて捉えられた。中心星からの明るい光はコロナグラフで隠されており、中心星の近くの領域（70天文単位以内：太陽－海王星の距離の2倍程度）は見えていない。ぎょしゃ座AB星は、年齢200万年で、太陽質量の2倍の重さを持つ。若くて重い恒星（ハービックA型星）の代表的天体である。

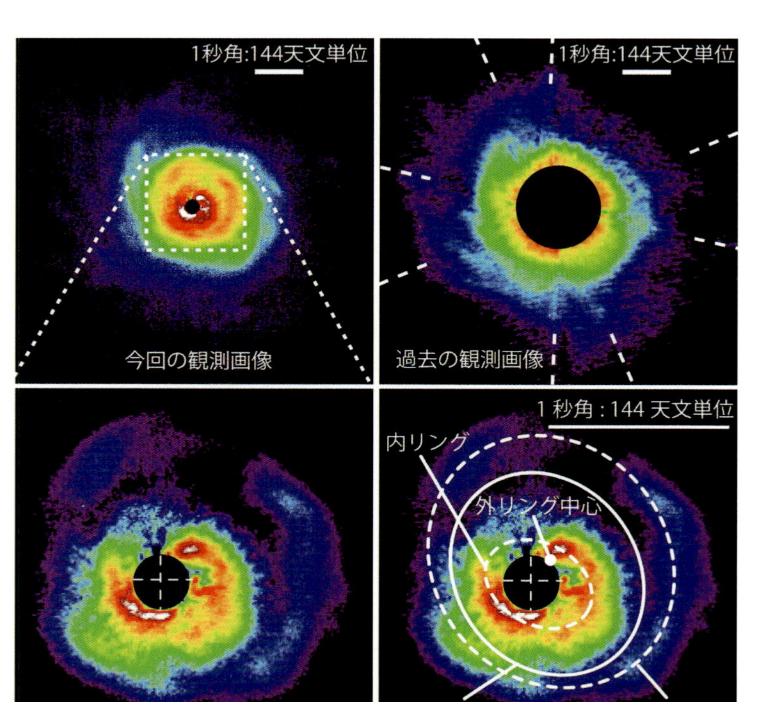

ぎょしゃ座AB星の周りの原始惑星系円盤（2011年）

観測装置：HiCIAO＋AO188

すばる望遠鏡の2代目コロナグラフHiCIAO（ハイチャオ）が写した原始惑星系円盤。色は偏った光の明るさの強度を表しており、赤や白が最も明るい部分を表している。この画像で、円盤の内側のリングやギャップが初めて捉えられた（左の上下と右下）。中心星からの明るい光はコロナグラフで隠されているが、2004年の画像（右上）に比べてはるかに中心星の近くの領域（約20天文単位：太陽－天王星の距離程度）が見えるようになった。ただし、光の偏りを利用した画像のため、惑星からの熱放射のような、円盤で反射した光以外の成分は見えない。内側の渦巻腕は、2004年に観測された外側の渦巻腕につながっている。

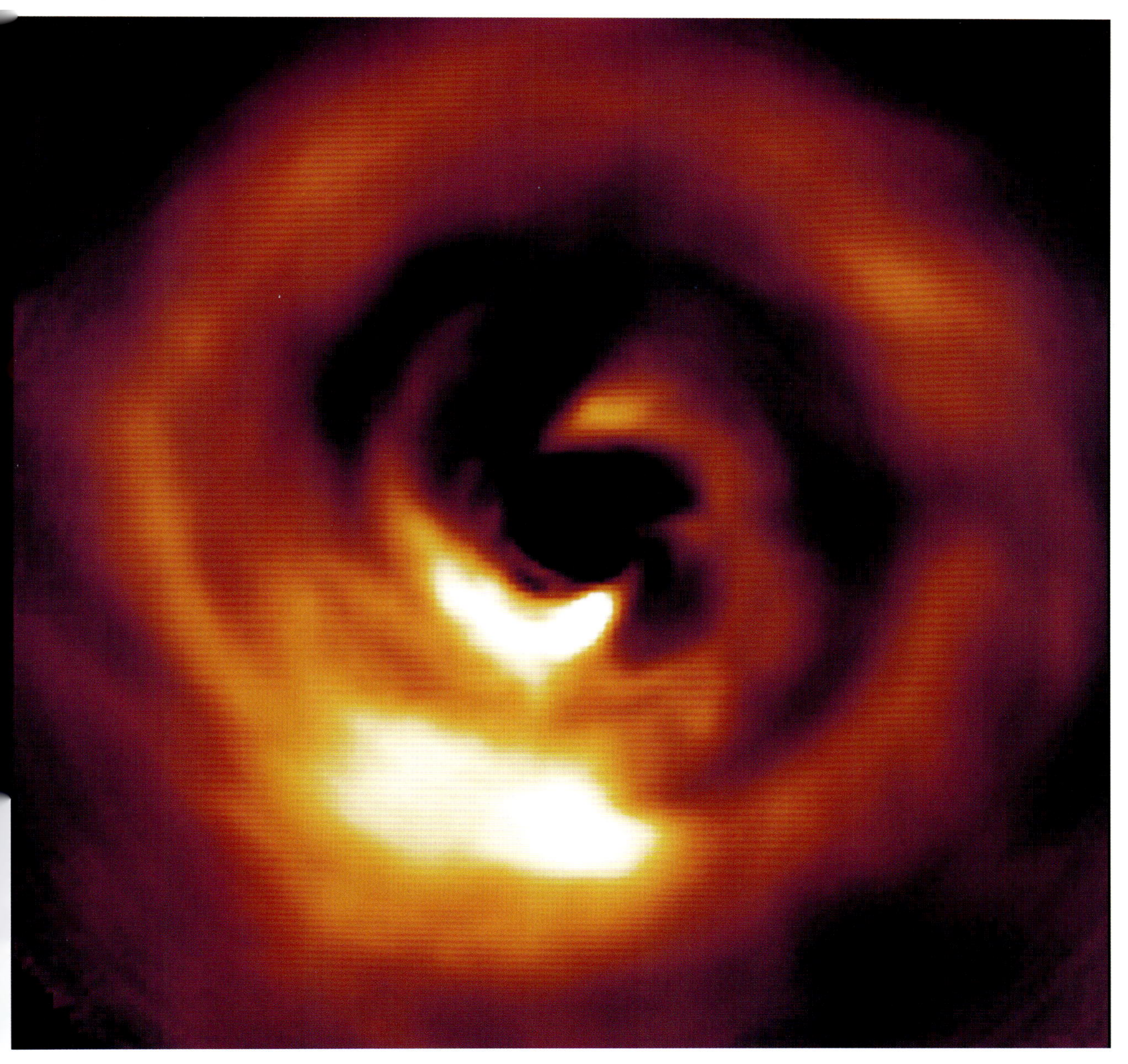

ぎょしゃ座AB星の周りの
原始惑星系円盤（2022年）

観測装置：SCExAO＋CHARIS

すばる望遠鏡の3代目コロナグラフSCExAO（スケックスエーオー）が写した原始惑星系円盤。円盤に埋もれている赤ちゃん惑星（原始惑星）「ぎょしゃ座AB星b」が初めて捉えられた。物質が落ち込む際の放射光や光の偏りの違いのデータから、原始惑星は単に円盤の明るい一部ではなく、それ自体が光っている惑星と考えられる。惑星は木星質量の約9倍で、恒星から約90天文単位も離れた軌道を公転している。太陽系の海王星の軌道（約30天文単位）の少し内側までの円盤の渦巻腕構造も見分けられている。

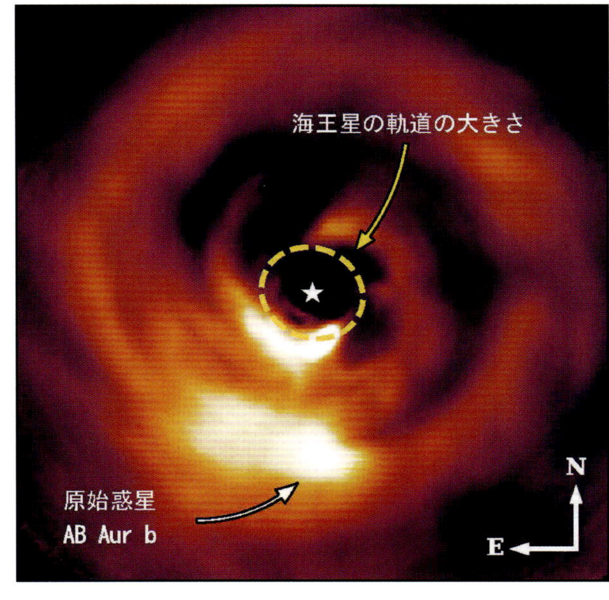

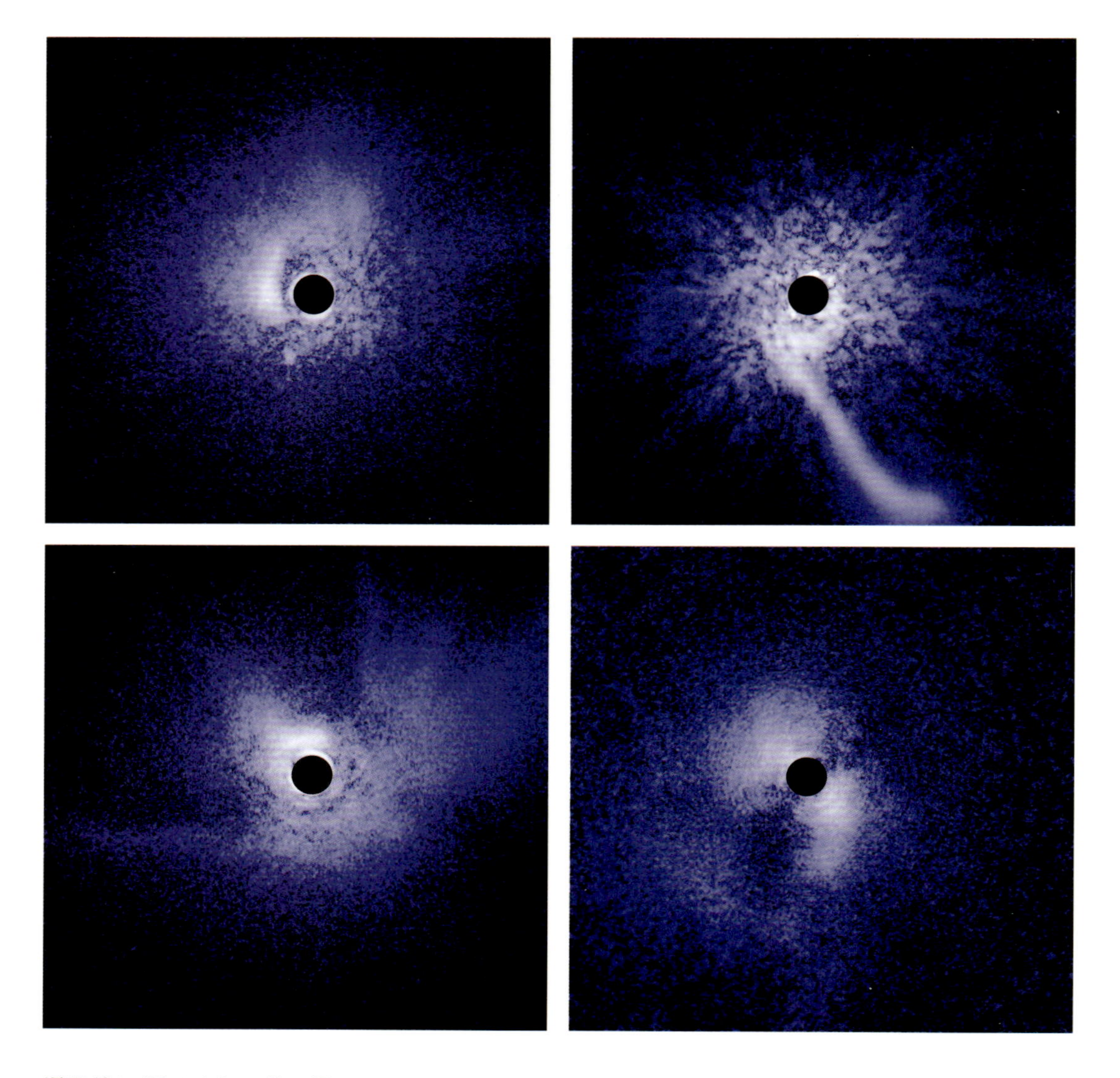

爆発的に明るくなる若い星たち：4つのオリオン座FU型星
観測装置：HiCIAO＋AO188

オリオン座FU星（左上）
星座：オリオン座　距離：1500光年

おおいぬ座Z星（右上）
星座：おおいぬ座　距離：3000光年

はくちょう座V1735星（左下）
星座：はくちょう座　距離：2900光年

はくちょう座V1057星（右下）
星座：はくちょう座　距離：2000光年

HiCIAO（ハイチャオ）が写し出した、爆発現象を起こしている若い星の星周物質の分布。数百から数千天文単位に広がる星周物質は、太陽系の大きさや、前述の原始惑星系円盤のサイズをはるかに超える規模である。若い星の周りで、このように複雑で広がった星周構造が観測されたのは、世界で初めてのことである。この構造は、物質が星周円盤に落下して星が生まれる際に複雑な構造が生じて、星に到着する星周物質の量が大きく時間的に変動し、爆発的な現象として観測されることが原因と考えられる。

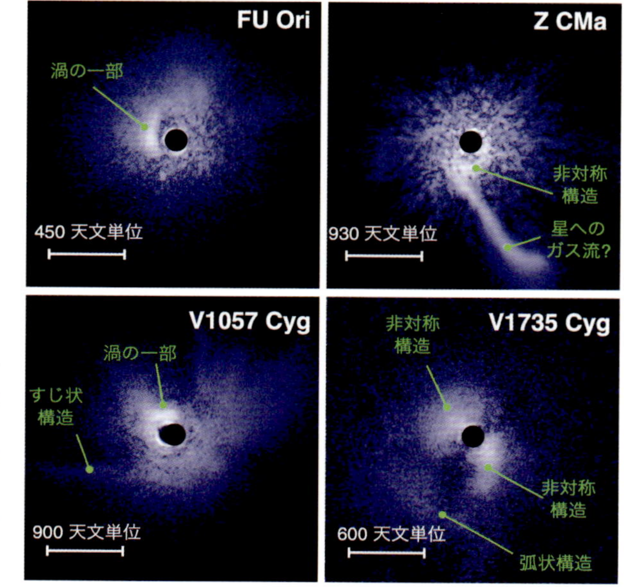

系外惑星 GJ 504 b

星座：おとめ座　距離：57光年
観測装置：HiCIAO＋AO188

太陽以外の恒星を周回する惑星（系外惑星）は、これまでに5000個以上の候補天体が発見されている。しかし、その姿を画像として捉える直接撮像観測の成功例は限られている。これは、明るい恒星の近くにある惑星の撮像には、あたかも、明るい灯台の近くを飛び回る蛍の光を遠方から捉えようとするかのような難しさがあるからだ。この画像では、太陽に似た恒星（GJ 504）の光をコロナグラフで抑えることによって、60万分の1以下の明るさしかない惑星（GJ 504 b）の姿が右上に写し出されている。木星の数倍程度の質量を持つと推定されるGJ 504 bは、観測当時、直接撮像された系外惑星の中で最も暗く、低温の天体として記録を更新した。

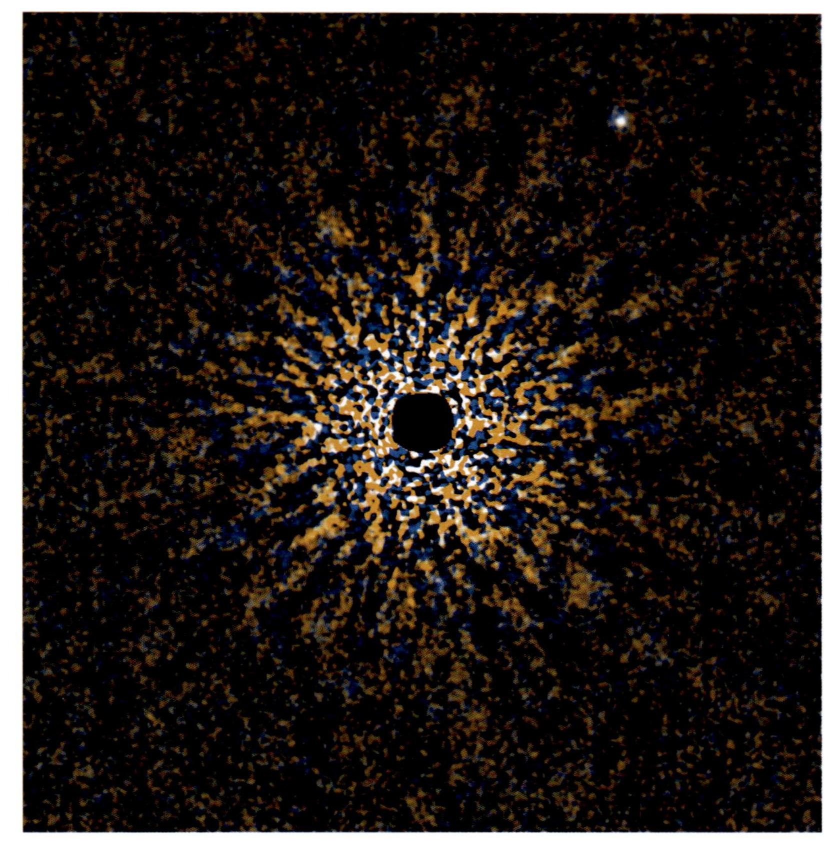

系外惑星 HIP 99770 b

星座：はくちょう座　距離：130光年
観測装置：SCExAO＋CHARIS

太陽の2倍程度の重さの恒星HIP 99770を周回する巨大惑星（HIP 99770 b）を捉えた画像。3代目かつ最新のコロナグラフであるSCExAOとCHARISによる発見である。星印の位置にある恒星からの明るい光の影響は除去されており、矢印が示す天体が発見された惑星だ。位置天文衛星による間接的な観測と、直接撮像を組み合わせた手法で発見された初の系外惑星でもある。この新しい手法は、惑星の姿を「直接見る」のと同時に、惑星の質量と軌道を精密に測定することができる。HIP 99770 bは木星の約15倍の質量を持ち、太陽–地球間の距離の17倍離れた軌道を周回していることが明らかになった。

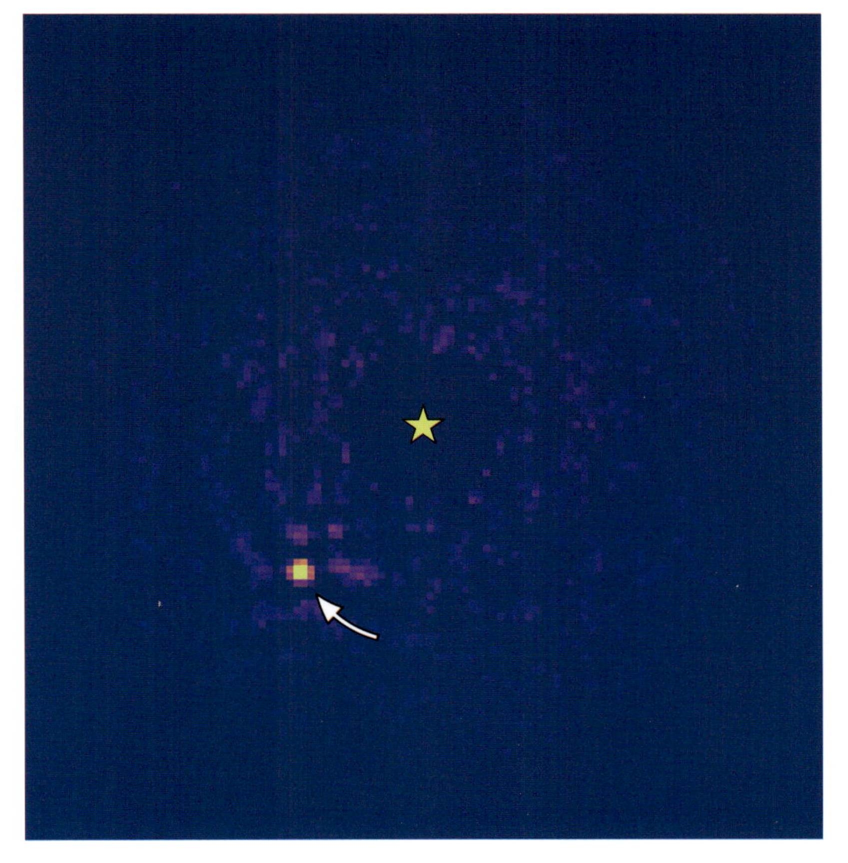

すばる望遠鏡が明らかにする太陽系天体の姿

渡部潤一（国立天文台天文情報センター）

私たちが存在する太陽系にも、まだまだ見えない領域があり、解明されていない謎が山積している。太陽系は宇宙的規模で考えれば近場、つまりご近所であるため、最近では特定の天体に探査機を飛ばして詳細な観測をすることもできる。しかし、それらが目指すのはごく少数の天体に限られ、また一過性の観測しかできないことが多く、地上観測は時間変化を追えるメリットに加え、新しい天体の発見においても重要である。

特にすばる望遠鏡は、広視野を深く撮像する能力で世界をリードしてきた。どこに存在するか分からない未知の暗い天体を探す能力は、すばる望遠鏡のいわば独壇場であり、太陽系の科学にも大きく貢献した。火星と木星の間の小惑星帯に存在する極めて小さな小惑星を数多く発見し、そのサイズ分布を明らかにしたほか、木星や土星の衛星の数が増え続けているのも、すばる望遠鏡による寄与が大きい。

太陽系外縁天体群の外側に存在が予測されている未知の第9惑星の捜索も行われている。崩壊しつつある彗星の周囲に数多くの破片を見いだすことができたのも、視野の広いすばる望遠鏡ならではである。既知の惑星でも、赤外線の波長による観測で、可視光では見えなかった性質が明らかにされてきている。その一端が本書に収められている。すばる望遠鏡だからこそ捉えられた太陽系の天体の姿を楽しんでいただければ幸いである。

木星と土星

距離（軌道長半径）：木星　7.8億キロメートル
　　　　　　　　　　土星　14億キロメートル
観測装置：CAC（カセグレン調整用カメラ）

木星（左ページ左下）と土星（同右下）は、私たちが住む太陽系にあるガス惑星だ。この画像は1999年1月、ファーストライトの際に撮影されたものである。可視光の青、緑、赤の波長帯で撮った画像で3色合成を行った。

木星：
太陽系最大の惑星で、直径は地球の約11倍にもなる。赤道に平行な縞模様が見え、右下には楕円形の模様（大赤斑）が見える。画像中央下の黒い点は木星の第3衛星ガニメデだ。

土星：
太陽系第2の大きさの惑星で、直径は地球の約9倍ある。木星と同様、赤道に平行な縞模様が見える。有名な環を持ち、ここではっきりと見えている環の直径は本体の2.3倍ある。環の間には発見者にちなみ「カッシーニの空隙」と呼ばれるすき間が見える。

＊軌道長半径：太陽からの平均的な距離。正確には、太陽を公転する楕円軌道の長軸の半径。

火星

距離（軌道長半径）：2.3億キロメートル
観測装置：IRCS

地球の隣の惑星である火星はおよそ2年2カ月ごとに地球に接近する。その距離が特に近づいた2003年と2018年の大接近時に撮影した近赤外線画像だ。

左：2003年8月の大接近
2003年8月27日に地球と火星との距離が5576万キロメートルまで大接近した時の画像。この時の見かけの大きさ（視直径）は約25秒角（1秒角は3600分の1度）だった。下部の緑色は火星の南極冠だ。右上には太陽系最大の火山であるオリンポス山が白く写っている。

右：2018年7月の大接近
2003年の大接近から15年ぶりとなった2018年の大接近のころに撮影した画像。2018年の大接近では、地球と火星間の距離は5759万キロメートルまで近づいた。この時、火星では大規模な砂嵐が発生しており、可視光では火星表面の模様が観測しにくい状態が続いていたが、赤外線で撮像したこの画像は、砂嵐を見通して、南極冠（下側の青紫色の特徴）やエリシウム山地（左上に丸く見える）などの地形を捉えている。

近赤外線で見た木星とガニメデ

距離（軌道長半径）：7.8億キロメートル
観測装置：IRCS＋AO188

赤外線の3つの波長で撮像した木星と、木星の衛星ガニメデ（右上）。近赤外線の3つの波長帯で撮影した画像を、青・緑・赤の疑似カラーで合成している。ガニメデは木星に対して動いているので、時間をおいて撮った3枚の画像を色合成した結果、にじんで見えている。2012年に行われたこの観測では、木星の衛星が木星の陰に隠れる「食」においても、木星大気の散乱で衛星がわずかに輝いている現象が偶然に発見された。

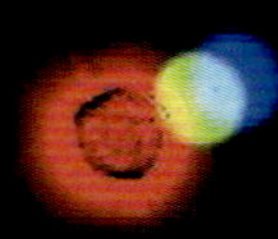

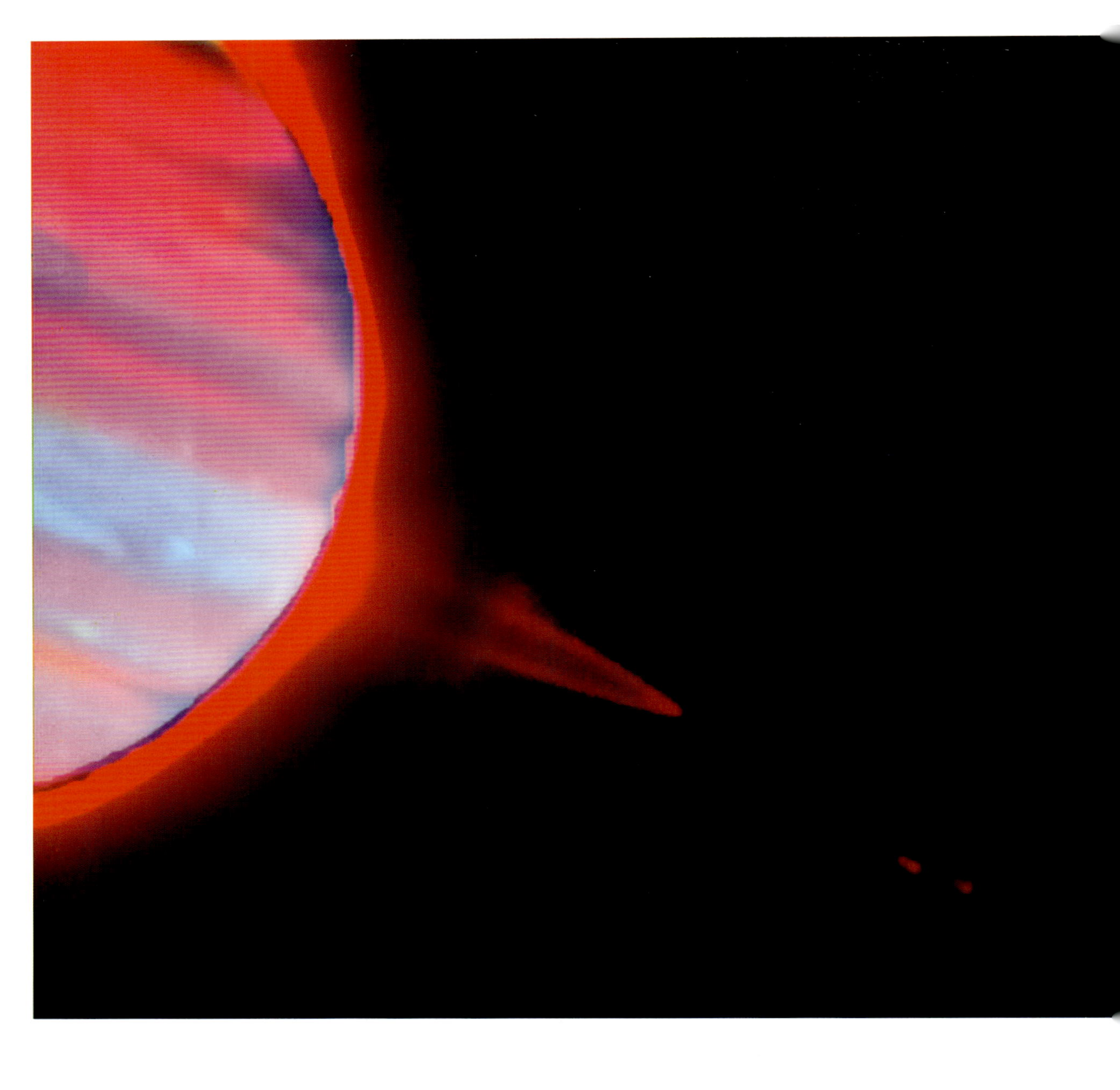

近赤外線で撮影した木星の環

距離（軌道長半径）：7.8億キロメートル
観測装置：IRCS

木星にも環があるのを知っているだろうか。地上の望遠鏡で木星の環を撮るのはとても難しいが、すばる望遠鏡のIRCSはこの困難に打ち勝って、近赤外線で木星の環を撮影した。この画像は、近赤外線の3つの波長帯で撮影した画像を、青・緑・赤の疑似カラーで合成している。土星の環の主要な物質は水の氷だが、木星の環はダスト（塵）でできている。この画像で、水の氷を観測する波長の光は青色で表されているが、木星の環には青色がほとんどないことが分かる。右下にある赤い線は木星のすぐ近くを周回する衛星テーベだ。撮影する間に木星に対してテーベが移動したため、線のように写っている。

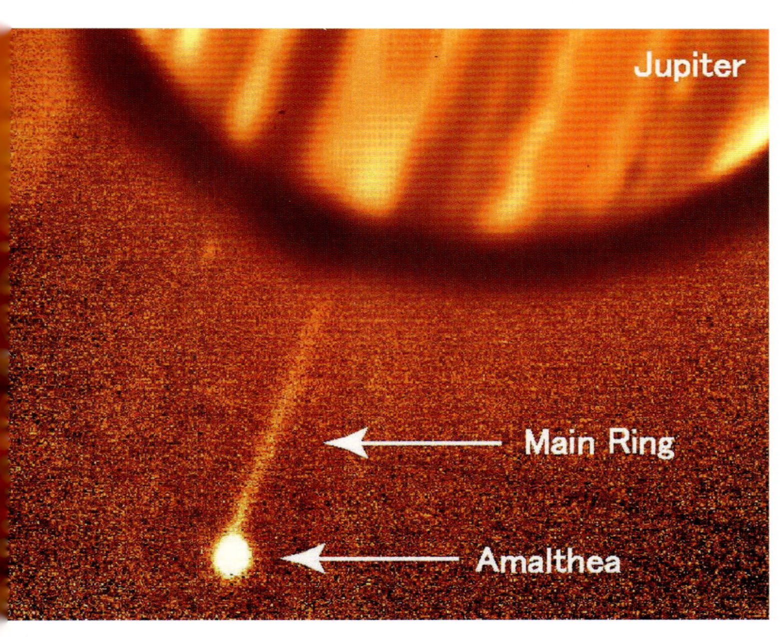

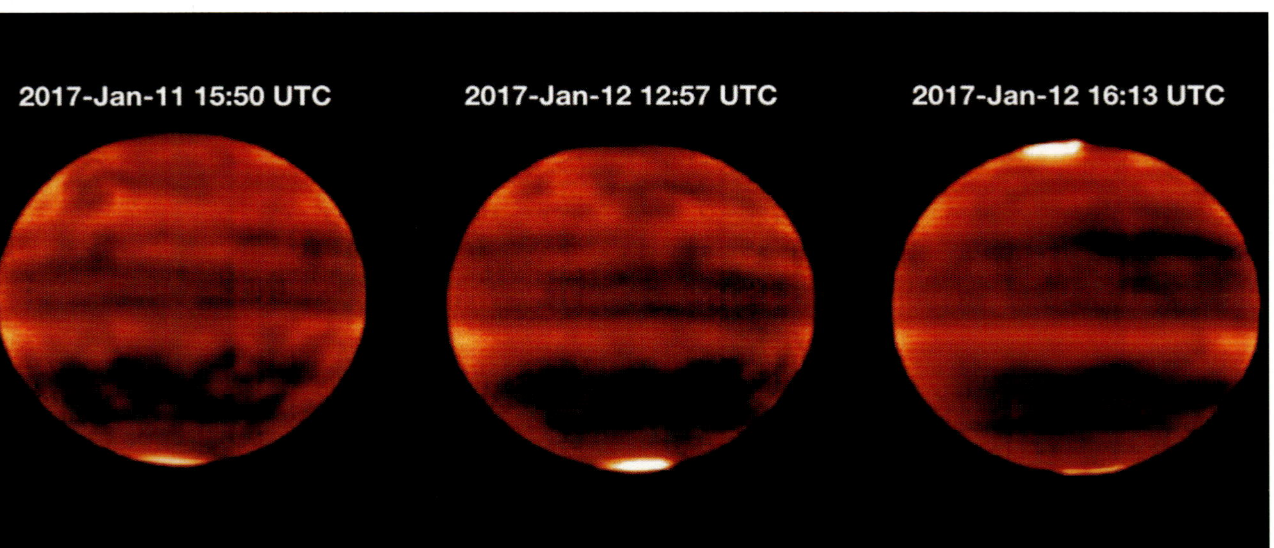

上：木星の衛星アマルテアと木星の環

観測装置：IRCS＋A036

木星には、4つのガリレオ衛星（イオ、エウロパ、ガニメデ、カリスト）のさらに内側に4つの小さな衛星が存在する（内側からメティス、アドラステア、アマルテア、テーベ）。この画像ではアマルテアを捉えている（左下の明るい点）。木星とアマルテアの間に見えるのは木星の環だ。地球から見て木星の環を真横から眺める時期だったため、直線状に写っている。木星の明るい光が邪魔をするため通常はとても困難な観測であるが、すばる望遠鏡の赤外線観測装置と補償光学（14ページ参照）の組み合わせによって、わずか5秒の露出で、暗い衛星と環が捉えられている。

木星大気の時間変化

観測装置：COMICS

中間赤外線で撮られたこの画像は、木星の成層圏の温度をよく反映している。数時間おきに撮影された3枚の画像で、木星の成層圏の温度が素早く変化していることが分かる。極域の明るい部分は、木星のオーロラによって成層圏が加熱されたホットスポットだ。この観測から、太陽風が木星にぶつかると、木星大気の様子が速やかに変化することが明らかになった。

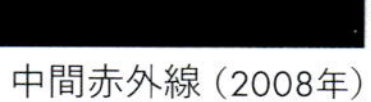

中間赤外線（2008年）

可視光（2008年

上：中間赤外線で見た土星の環

距離（軌道長半径）：14億キロメートル
観測装置：COMICS

土星の環の主要部は、内側から順に「Cリング」、「Bリング」、「Aリング」と呼ばれる「濃さ」の異なる部分でできており、Bリングと Aリングの間には「カッシーニの空隙」がある。この赤外線画像では、環の輝き方が私たちの見慣れている可視光での姿と異なる。可視光では暗いカッシーニの空隙とCリングがリングの温度を反映する中間赤外線では明るく見えるためだ（下の比較画像参照）。これはカッシーニの空隙とCリングがほかのリングに比べて温かいためと考えられる。

下：土星リングの見え方を、中間赤外線（左）と可視光（右）とで比較した様子。可視光画像は、国立天文台石垣島天文台のむりかぶし望遠鏡で撮影したもの。リングの明るい部分が、中間赤外線と可視光とで逆転している。

近赤外線で見た天王星の環と衛星アリエルとミランダ

距離（軌道長半径）：29億キロメートル
観測装置：CIAO＋AO36

天王星は軌道面に対して横倒しになって自転しているため、環が縦に見える。その環の正式な発見は、背後の恒星が環によって一瞬隠れる現象を観測する「掩蔽（えんぺい）観測」によるものだった。掩蔽観測では、恒星の光がどのように遮られるかを詳しく記録することで、見えない環の存在や形状を明らかにする。可視光では暗く、見ることが難しい天王星の環であるが、すばる望遠鏡の補償光学と赤外線観測装置によってくっきりと捉えられている。メタンの大気を持つ天王星本体と、環、そして左下に衛星のアリエル、上の方にはミランダが写っている。

73P/シュヴァスマン・ヴァハマン第2彗星

観測装置：Suprime-Cam

ドイツのシュヴァスマンとヴァハマンによって1930年に発見されたこの彗星は、約5年で太陽を1周する。1995年と2000年の太陽接近時に彗星の核が分裂したことが知られていたが、この画像を撮影した2006年の太陽接近時には、核がさらに数十個に分裂していることが分かった。

右：2006年に撮影されたこの画像は、分裂した彗星核の1つ、B核の周辺に狙いを定めたものだ。直径数百メートルのB核（左上）本体から出た、ガスやダスト（塵）からなる明るいコマやそこから伸びる尾とともに、B核から分裂した微小な破片を50個以上も捉えた。これらの微小な破片は大きさが数十メートル程度しかないため、短時間で消滅してしまうと考えられている。彗星は約46億年前に太陽系が形成された時の状態を保っているとされている。彗星の核の素性が明らかになるにつれ、太陽系誕生時の情報が紐解かれていくだろう。

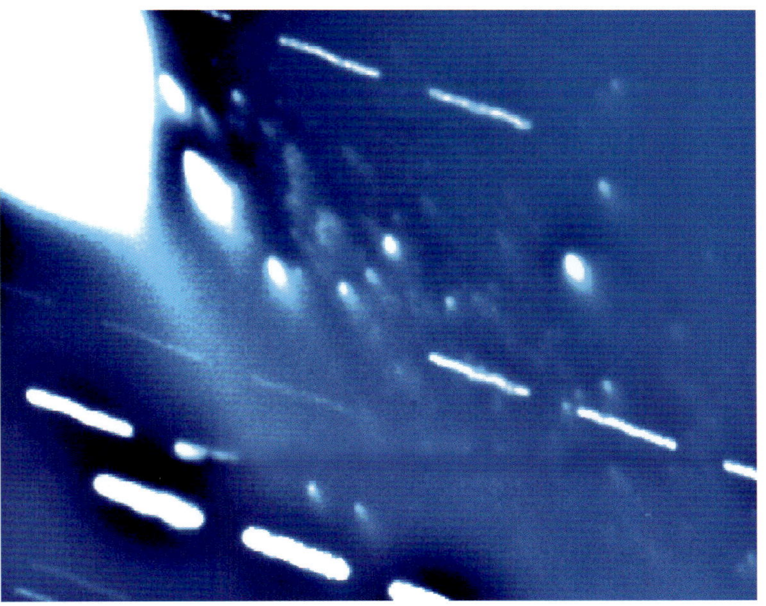

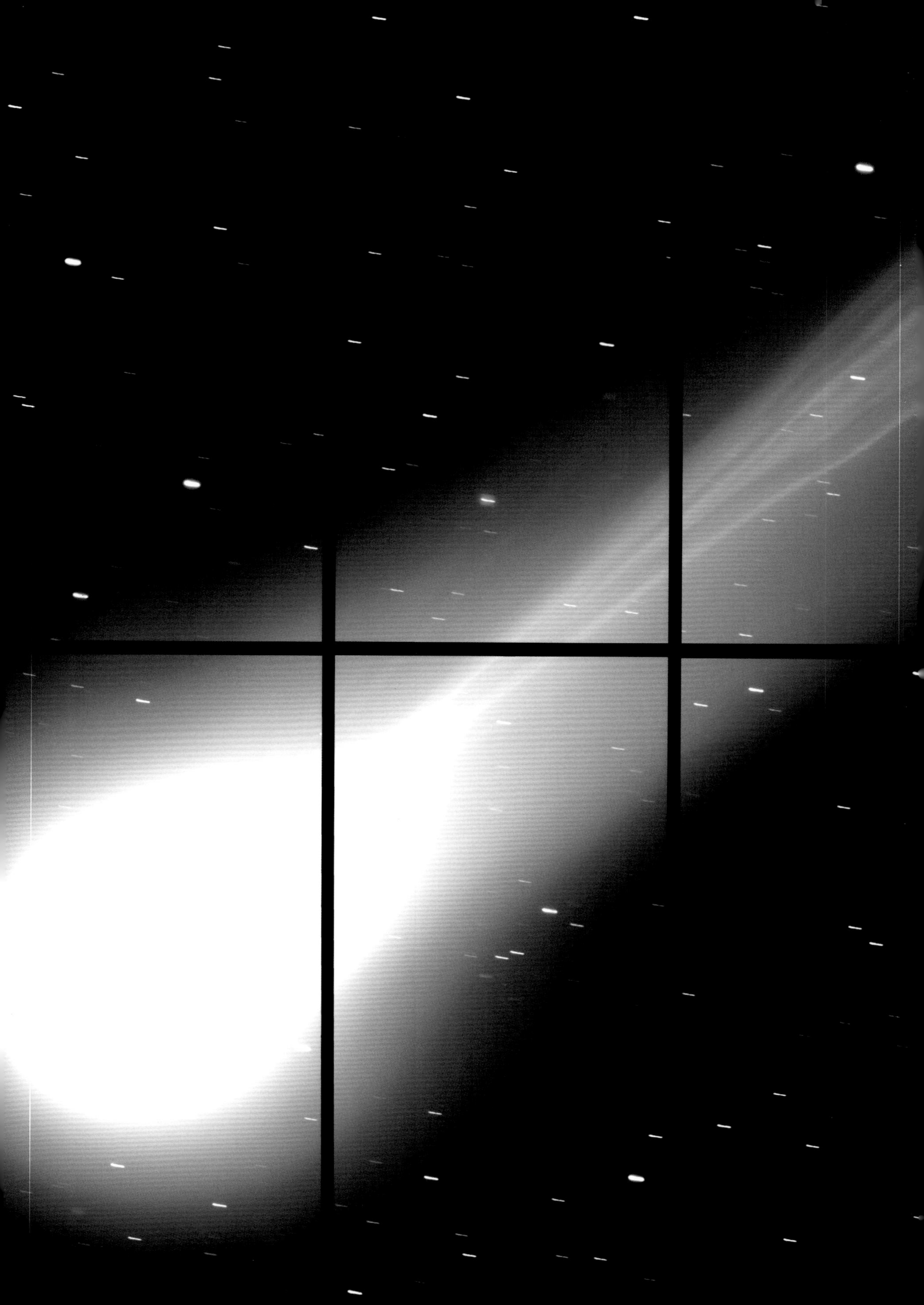

ラヴジョイ彗星（C/2013 R1）

観測装置：Suprime-Cam

2013年9月に発見されたラヴジョイ彗星（C/2013 R1）の姿を広視野カメラで捉えた。イオンの尾がうねりながら伸びる微細な構造を鮮明に写している。イオンの尾は、太陽から流れてくる粒子（太陽風）によって彗星の核付近のイオンが吹き流されて伸びていくものだ。尾の中のイオンは、最終的には太陽風の速度（秒速およそ300-700キロメートル）に達すると考えられている。撮影当時（ハワイ時間2015年12月3日午前5時半ころ）、ラヴジョイ彗星は地球から0.8億キロメートル、太陽から1.3億キロメートルの距離にあった。

市民参加の天文学研究

望遠鏡で得られるデータは膨大であり、天文学者はその一部しか有効利用できていない。その宝の山を、関心のある市民の皆さんと一緒に活用し、天文学を進めていこうという動きがある。電波望遠鏡で得られたデータの解析を世界中の家庭用PCで分担し、知的生命体からの電波を探すSETI（地球外知的生命探査）が、その先駆けであった。

国立天文台でも、「市民天文学」プロジェクトとして、すばる望遠鏡のデータから銀河の形態分類を行う「GALAXY CRUISE（ギャラクシー・クルーズ）」[1]が行われ、成果が上がっている。太陽系分野では、日本スペースガード協会や会津大学などの研究者グループで進めているウェブアプリケーションのプロジェクト「COIAS」（Come On! Impacting Asteroids; コイアス）が、すばる望遠鏡のデータから新しい太陽系小天体の発見を続けている。その個数は2025年1月現在で、新天体の候補は20万個、仮符号が取得されたものに限っても4000個、そして目的としていた地球近傍小惑星6個、彗星1個、太陽系外縁天体は500個の候補を発見し、大きな貢献をしつつある。

今後はAIや機械学習による自動検出が増えていくのかもしれないが、すばる望遠鏡のデータに直接触って研究に貢献できる機会を市民に提供できていることは、世界的にも自慢できる取り組みであることは間違いない。

1) 100–101ページ「市民天文学者とともに発見した激しい合体の瞬間にある銀河」参照。

渡部潤一（国立天文台天文情報センター）

アイソン彗星（C/2012 S1）
観測装置：HSC

ハワイ時間2013年11月5日明け方、太陽に接近しつつあるアイソン彗星の姿をすばる望遠鏡が捉えた。すばる望遠鏡とHSCとの組み合わせで達成される広い視野・シャープな星像・高い集光力により、太陽と反対の方向に1度角（満月の見かけの直径の約2倍）以上も伸びる尾を淡い部分まではっきりと写し出している。この約1カ月後には太陽に接近した後に大彗星になると期待されたが、接近前後に崩壊・消失してしまった。

すばる望遠鏡HSCが発見した太陽系外縁部の小天体

寺居 剛（国立天文台ハワイ観測所）

宇宙の果てだけでなく、太陽系の果てもまだ分かっていないことが多い。海王星以遠に広がる太陽系外縁部の領域には多数の小天体（太陽系外縁天体；以下、外縁天体）が分布していることが知られており、かつては惑星の1つとされていた冥王星もその一員である。外縁天体は原始太陽系の中で惑星の材料になった「微惑星」の生き残りであると考えられ、氷成分に富む始原的な天体として太陽系形成史を紐解く重要な鍵になり得る大変興味深い存在である。しかし、太陽から遠く離れた場所にあるためそれらの多くは極めて暗く、詳細な観測はおろか見つけ出すことすら容易ではない。

すばる望遠鏡HSCはその大集光力と広視野を生かして未知の太陽系小天体の探索にずば抜けた威力を発揮しており、これまでに数多くの外縁天体発見に貢献している。例えば2018年に見つかった外縁天体「2018 AG_{37}」（愛称“ファーファーアウト”）は太陽－地球間の距離の約132倍という非常に遠い位置にあり、太陽系天体としては発見時の距離が最遠方という記録を打ち立てた。その後の追観測により、この天体は太陽に最も近づく時には海王星軌道の内側に回り込むほど長い楕円形の軌道を持つこ

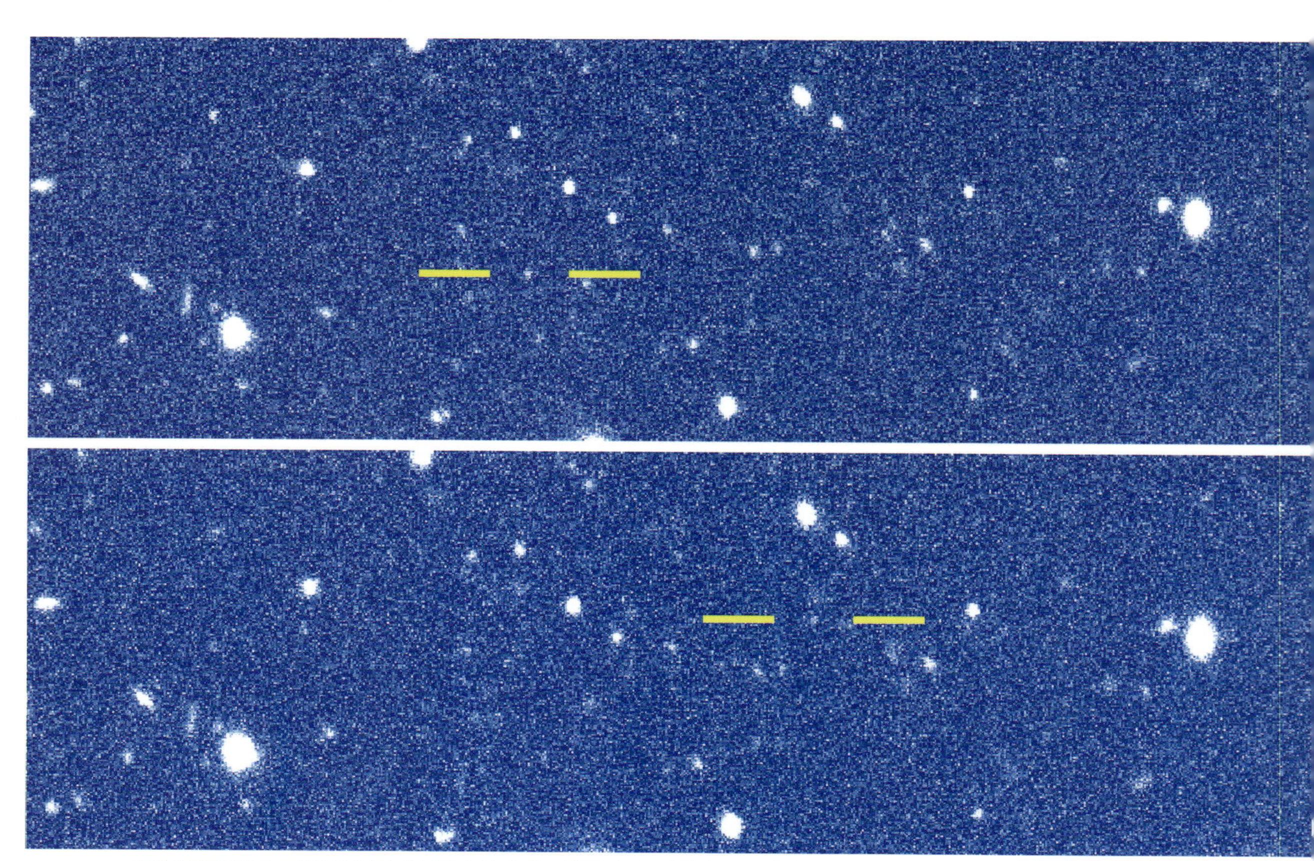

すばる望遠鏡HSCが2018年1月15日（上）とその翌日（下）に観測した、外縁天体2018 AG_{37}の発見画像。地球の公転運動により、背景の恒星や銀河に対して手前にある外縁天体の位置が動いて見える。

ニューホライズンズ探査機（NASA）のイメージ図

とが判明しており、海王星からの重力作用を強く受けて引き伸ばされたものと考えられている。同様の特徴を持つ天体の分布や性質の調査を積み重ねることで、原始太陽系の構造や巨大惑星が移動した痕跡など、太陽系の過去を解き明かす手がかりを得ることができる。

さらにHSCは、米国航空宇宙局（NASA）のニューホライズンズ探査機と連携して新たな視点から外縁天体の研究に取り組んでいる。2006年に打ち上げられたニューホライズンズは、2015年に史上初めて冥王星およびその衛星たちの近接探査を実現、続いて2019年には外縁天体の1つである「アロコス」の近接観測をも成功させるという快挙を成し遂げた探査機として有名だが、さらなる延長ミッションとして、外縁天体を地球からは見ることのできない斜めの角度から観測することにより、天体の表面特性を詳しく調べる計画が進行している。

そのためには探査機の航路から見ることのできる天体を新たに探し出さねばならないのだが、視野の狭いカメラを搭載している探査機自身がそれを行うことは困難である。そこでHSCが探査機の進む方向の天域を集中的に観測して多数の外縁天体を発見し、その中から探査機が観測可能な天体を見いだす取り組みが進められている。

この協力体制に基づくHSC観測は2020年に開始され、これまでに200個以上の外縁天体を新たに発見している。その中には太陽－地球間の70倍よりも遠方にある天体が10個以上含まれ、これは当初の予想を大きく上回る数である。これが確かな事実ならば、太陽系外縁部の奥側にはこれまでの理解よりもずっと多くの天体が存在していることになる。HSCによってもたらされたこの驚くべき観測データは、私たちに太陽系の新たな描像を見せようとしているのかもしれない。

Ⅲ
資料編

夕日に染まるすばる望遠鏡

マウナケアの自然と文化

石井未来（国立天文台ハワイ観測所）

すばる望遠鏡はハワイ島のマウナケアという山の上に設置されている。標高約4200メートルのこの山は、太平洋の深さ6000メートルの海底からそびえる「世界一高い山」で、ハワイという熱帯の地にありながら、山頂域では冬に雪が積もる。山頂域は、高い晴天率、暗い夜空、低温で乾燥した空気といった条件がそろい、天文観測地として優れた環境を備えている。一方、マウナケアはハワイ先住民にとって祖先や神々とのつながりを感じる大切な場所だ。その地に根ざす人々の文化的・精神的な営みを尊重しながら天文研究を行うことが求められている。

マウナケアの自然環境

緩やかな山容のマウナケアは約100万年前に生まれた盾状火山で、最後に噴火したのは約4000年前だ。山頂付近にも多く見られる噴石丘（ハワイ語でプウ）は、約7万年前に始まった後期火山活動で形成された。過去20万年の間に3回訪れた氷河期に、氷河によって形作られた堆積物や峡谷などの地形が残っている。山麓の森林地帯から、寒冷で乾燥した山頂域まで、変化に富む気候のもとで多様な生態系が育まれている。山麓ではパリラ、アマキヒ、ネーネーなどのハワイ固有の鳥類が知られている。標高3000メートルを超えたあたりからは、岩だらけの、まるで火星のような風景が広がるが、そのような厳しい自然環境でもコケ類や地衣類、40種以上の無脊椎動物（ガ、クモ、ハワイ島の高地のみに生息する昆虫ヴェーキウ・バグなど）が生息している。ハワイ固有の動植物も多く、稀少で繊細な生態系を守るための取り組みが行われている。

ハワイ文化におけるマウナケア

ハワイの先住民は西暦300年から750年くらいの間に、ポリネシアの南西方向から星の位置を頼りにカヌーで太平洋を渡ってきたと言われている。先住民の伝承によると、天の神ワーケアと大地

ハワイ島マウナケアの山容

の神パパが最初にハワイ島を生み、その後で祖先となる最初の人間を生んだといわれている。「マウナケア」は、ワーケアの山（Mauna a Wākea; マウナ・ア・ワーケア）とも呼ばれ、ハワイ島とワーケアをつなぐへその緒だと考えられている。その高山地帯は伝統的に神々と精霊の領域（ワオ・アクア）とされ、山頂域のプウ（噴石丘）には、クーカハウウラ、ポリアフ、ワイアウ、リリノエなど、ハワイ先住民の祖先である神々の名前がつけられている。

山域に数多く残されている、祭壇や埋葬地、採石場などの遺跡は、マウナケアが古くから先住民の祈りの場であり、生業をささえる場でもあったことを示している。今日でも先住民の慣習や祈禱のためにマウナケアを訪れる人々がいることを忘れてはならない。

天文観測地としてのマウナケア

マウナケアは天文観測地としてもほかに類を見ない場所である。標高約4000メートルの山頂域では気候は安定し、乾燥しているため観測を妨げる水蒸気の量が少ないのが特徴だ。大口径の光学赤外線望遠鏡の性能を最大限に引き出すためには、補償光学と呼ばれる技術で、地球大気の揺らぎを補正する。そのためには、上空の大気が安定していることが重要で、この面でマウナケアはとりわけ優れている。

マウナケアはハワイの先住民にとって祖先や神々とのつながりを感じる神聖な場所であり、自然の中に息づくハワイ文化を象徴する場所でもある。同時に、マウナケアは世界でも傑出した天文学の観測地であり、この地で観測ができることを私たちは心から感謝している。古くからハワイで暮らしてきた人々の想いを大切にし、自然や文化を損なうことのないよう、ハワイのコミュニティーと連携し十分に配慮する。その気持ちを常に心にとめて、天文学研究を進めていきたい。

マウナケアの夜空にかかる天の川

すばる望遠鏡の保守作業

臼田-佐藤功美子（国立天文台ハワイ観測所）

デイクルーの仕事

昼間の観測装置交換

すばる望遠鏡で観測できるのは夜間のみだが、昼間、望遠鏡施設（山頂施設）が無人になるわけではない。毎晩の観測で望遠鏡が最大限のパフォーマンスを発揮できるよう、デイクルーが保守作業を行っている。デイクルーは、日中に山頂施設で作業を行う職員で、ハワイ島東側のヒロにある山麓施設を午前6時と午前8時に出発する2グループに分かれ、それぞれ異なる作業を担当している。ヒロから山頂施設までは、マウナケア中腹、標高2800メートルの中間宿泊施設ハレポハクにて高地順応のための30分間の休憩を含め、約2時間かかる。

すばる望遠鏡は4つの焦点[1)]に観測装置を搭載できる多機能な望遠鏡である。一度に観測できるのは1つの装置のみで、使用する装置に合わせて、望遠鏡の一番上、トップリングの真ん中にあるトップユニット（筒頂部）を交換する必要がある。トップユニットには、可視光カセグレン観測用、可視光ナスミス観測用、赤外線観測用の3種類の副鏡と、主焦点カメラHSC、そして2025年から本格稼働を始めた超広視野多天体分光器PFSの主焦点装置の5種類があり、あらかじめ決められた観測スケジュールに合わせて、昼間にデイクルーが交換する［図1］。床面から約20メートルの高さで、人間の身長よりも長く約3トンの重量のHSCやPFS主焦点装置の付け外しを行う。

標高約4200メートルのマウナケア山頂域は、

図1：床から約20メートルの高さで、PFSの主焦点装置を取り付けるデイクルー。主焦点装置の周りに、望遠鏡の青いトップリングが見えている。

図2： カセグレン焦点における装置交換の様子。黄色いCIAXの上にFOCASが載っている。CIAXは磁気テープの上を滑らかに動き、望遠鏡と装置待機室の間を往復する。

平地の約6割しか酸素がない過酷な環境である。そのため、安全かつ正確に装置交換を行うよう細心の注意が求められる。副鏡や主焦点装置はトップユニット交換装置に載せられ、クレーンで望遠鏡まで運ばれる。トップユニットに加えて、床面から近いカセグレン焦点でも、観測スケジュールに合わせてデイクルーが装置交換を行う。待機室にある装置を望遠鏡まで自動交換システム（CIAX、図2）が運び、最後にデイクルーが望遠鏡に手動で取り付ける。このように自動装置交換システムを導入することで効率化を図っている。

除雪作業も重要な仕事

冬季のマウナケアの降雪量は年によって異なるが、除雪作業もデイクルーの重要な仕事である［図3］。また昼夜問わず気象条件をモニターしており、天気が悪化する恐れのある場合は、山頂域にあるほかの天文台群とも連絡を取り合い、道路が凍結して取り残されないよう、お互い早めに下山するように心がけている。

1）10–11ページ「すばる望遠鏡の構造」参照。

図3： すばる望遠鏡ドームの屋根の上に登り、積もった雪を取り除くデイクルー。

主鏡の再蒸着

すばる望遠鏡の主鏡は、宇宙からの微かな光を集める、望遠鏡の心臓部といえる部分である。観測を効率良く行うためには、鏡の高い反射率を維持する必要がある。しかし鏡の表面には少しずつ汚れがたまって反射率が落ちるため、数年に一度観測を中断して、主鏡をアルミニウムで再コーティングする蒸着作業を行う。

一次洗浄、キズ検査、二次洗浄

蒸着の行程は、望遠鏡の電源をオフにした後、主鏡を、支持している主鏡セルごと望遠鏡から取り外す作業から始まる。主鏡セルはクレーンで吊って、望遠鏡があるドームの3階から蒸着作業関連機器のある1階まで下ろす。その後、主鏡の汚れで反射率の落ちたアルミニウムのコーティングを酸性の溶液で取り除く[図4]。次に、防塵対策用防護服をまとった複数の職員が、主鏡表面のキズ検査と必要に応じた補修を行う。前回の主鏡再蒸着時のキズの記録と照らし合わせながら、キズが広がっていないか、新しいキズがないか、入念に調査し、記録に残す。キズ検査後は二次洗浄[図5]を行って表面のホコリや汚れを取り除き、蒸着釜に入れる。

図4：一次洗浄開始直後（上）と終了間際（下）の主鏡。洗浄によりアルミニウムが溶け、透明な一枚のガラスとなった主鏡では、アクチュエーターを支える穴が見えている。主鏡は洗浄・蒸着用のセルに載っているため、下の写真に写っている支えは、本物のアクチュエーターではない。

蒸着

あらかじめアルミニウムを溶かし込んだ特製のタングステンフィラメントを288本取り付けた蒸着釜の中に、直径8.3メートルの主鏡をまるごと入れる。釜の中を真空にした後、フィラメントに電流を流し、アルミニウムを蒸発させるファイアリングを実施する。電力の関係で96本ずつ3回に分けてファイアリングを行うと、フィラメントからまっすぐ飛び出したアルミニウムが鏡の表面に薄い膜を作る。釜の中を真空にするのは、蒸発したアルミニウムが主鏡の表面に純度の高い均一な膜を作る際に、空気が邪魔にならないようにするためである。ファイアリング終了後、

図5：二次洗浄直前に撮った「洗浄班」の集合写真。全員、防塵対策用防護服を着用している。二次洗浄では、この写真に写っている青いモップで主鏡表面を丁寧に洗う。

図6：蒸着釜から取り出された主鏡の仕上がりを確認した後、所長と蒸着行程のリーダーたちによる集合写真。

主鏡を釜から取り出し［図6］、反射率を入念に測定する。仕上がり確認の後、主鏡をクレーンで吊って3階に戻し［図7］、望遠鏡に取り付けて全行程が完了となる。

観測所挙げての大作業、老朽化対策も

主鏡再蒸着の行程は約2カ月かかり、普段は別々の業務を行うスタッフが一丸となって協力し合う大作業である。初観測から20年以上経過したすばる望遠鏡では、普段からエンジニアやデイクルーが老朽化対策に力を入れているが、観測期間中は実施できない望遠鏡の保守と改修作業が再蒸着の期間に行われる。20年以上にわたり、世界第一線の観測成果を生み続けているすばる望遠鏡は、このように現場の職員による保守、改修作業に支えられている。

主鏡の再蒸着の写真について：
写真は全て、2022年作業時のもの。2022年主鏡の再蒸着時に撮影した動画は、すばる望遠鏡 YouTube @SubaruTelescopeNAOJ で現在公開されている。

図7：蒸着を終えて、ドーム3階（観測階）に戻ってきた主鏡セルと撮った集合写真。主鏡セルが望遠鏡に取り付けられる前の状態で、鏡を支えるロボットの指「アクチュエーター」が見えている。

すばる望遠鏡の夜間運用

田中 壱（国立天文台ハワイ観測所）

観測現場の実際

本書を手に取っている多くの方にとって、天文台の夜間運用という言葉で思い浮かぶ風景と言えば、研究者と職員が望遠鏡にかじりついて星を血眼で追いかけている光景かもしれない。あるいは、スマートそうな研究者たちがコーヒー片手にPCの画面を見ながら、接近してくる彗星の軌道について議論する映画のワンシーンだろうか。

すばる望遠鏡は、その某ハリウッド映画においては地球に衝突する彗星を最初に発見する望遠鏡のモデルとなる栄誉をいただいてしまったが、映画に描かれた観測風景はかなり現実とは違う。まず、ドームの中には誰もいない。現在の観測装置の精度は極限を求めており、星像を乱す熱源となる人間は望遠鏡のそばにいてはならないのである。そのため、人間は巨大なすばるドームの隣にある制御棟3階の、暖房の効いたコントロールルームから、PC制御によって望遠鏡を扱う。真っ暗で冷え切ったドームの中では、巨大な望遠鏡が音もなく星を捉え続けている。

すばる望遠鏡のあるマウナケア山頂域は過酷な環境であり、観測者も、時には慣れたスタッフでさえ、しばしば高山病に悩まされる。そのため、高地対策は重要である。山麓施設のあるヒロの街から2時間で行けるとはいえ、観測関係者はみなマウナケア中腹のハレポハク中間宿泊施設で一泊し、高地順応する決まりとなっている。昼型から夜型へと活動時間帯をシフトするためにも、この前泊は重要な意味を持つ。

静寂なドームから夜空を見つめるすばる望遠鏡

山頂における観測風景（パンデミック前）。観測者がコントロールPC群の前に座って観測結果を吟味している。2021年から2022年にかけて共同利用観測に供されていた観測装置SWIMS運用のワンシーン。

たまにハワイに来て観測する観測者はともかく、ヒロに住む夜間対応の観測所職員の生活はどうであろうか。多くの人が、1年中星を見て望遠鏡を操作して暮らしていると思うかもしれない。が、スタッフも天文学者も人の子である。そんなことをしていたら生活も家庭も破綻してしまう。観測スタッフは平均して6日以下の夜間シフトが毎月2回以下になるように調整されている。毎晩、標高約4200メートルの高地で働いている人はいない。

夜間運用の主役たち

夜間運用の観測スタッフは、大きく分けてオペレーターとサポートアストロノマーの2職種からなる。オペレーターは望遠鏡の運転を行うだけの職種と思われがちだが、実際には山頂の人とモノの安全の責任も担う、極めて重要な仕事である。観測中はもちろん望遠鏡（と一部の装置）の運転を担うが、常にドームインフラを含む様々なハードウェアの状況を監視し、さらにはドームの外の自然環境に目を光らせていて、霧が近づけば真っ先に気付いてドームを閉め、大敵の湿気から望遠鏡を保護する。もし観測中に何かが壊れたら、現場で応急処置や、時には修理することさえある。すばるの運用の現実をよく知っている、頼もしいスタッフである。

山頂域は病院などの施設から遠く離れた遠隔地である。観測者が急に体調不良になっても、救急車はこんな高地までは来てくれない。そういう特殊環境での人の安全のため、オペレーターは救急救命士の資格まで持っている。万一の緊急事態には、臨機応変に適切な対応が取れるよう、毎年訓練をしている。彼らの応急措置と緊急搬送に、夜働く人たちの命がかかっている。常に安全上の責任を担う、重要な職である。

一方のサポートアストロノマー、「観測支援天文学者」と訳せばよいだろうか。こちらは研究者であり、主に観測装置運用の専門家である。すばるは世界中の天文学者が使う望遠鏡だ。研究者は様々なアイデアを提案し平均4倍の競争を勝ち上がってやっとの思いで観測時間を得るが、通常の共同利用観測は一般にわずか数夜しかもらえない。そのため、ある観測者がすばるを使いに来るチャンスは大変限られている。そういう、普段使ったこともない装置の性能を100パーセント引き出して自分の欲しいデータを得てこそ、世界に問える研究になる。そのために助けとなるのがサポートアストロノマーである。観測に訪れる研究者の提案内容をよく理解し、それに対してよりリアリティーのある観測手法や時間配分、装置の癖やデータ処理の方法などを観測者にアドバイスするのが彼らの役割である。

そういう仕事をするためには、自らが研究者として装置を使い、データを解析している必要がある。それゆえ、研究者としての視点を常に磨くのも、サポートアストロノマー職の重要な一側面である。また、世界の中ですばるのユニークさと競争力を維持し続ける上で、機能向上・性能向上を常に考え提案していく、そういう装置研究者としての側面もサポートアストロノマーにとって欠かせない重要な責務である。

そういう2つの職種がすばるの夜間運用の主な部分を担っている。もちろん、夜間運用はその背後にいるより多くのスタッフのサポートの上に成り立っており、夜間もソフト・ハード両面で何かトラブルがあれば迅速に対応できるようなバックアップ体制があるのも忘れてはならない。世界に誇るデータを研究者に提供すること。これがすばるの最も重要なミッションであり、それを支援すべく多くの人が観測所の運用現場を支えている。

リモート観測の進化

すばるのファーストライト以来、観測のために来訪する研究者、オペレーター、サポートアストロノマーの3チーム体制で、望遠鏡のあるマウナケア山頂域の施設からすばるは観測を行ってきた。しかし、この体制は大きな変革の時期にある。

実は、すばる望遠鏡は観測者がわざわざハワイに来なくても観測できるよう、当初からリモート観測機能を盛り込んで設計されている。実際、観測者については三鷹や山麓施設からリモートで観測に参加する機会も2010年代から増えていた。情報インフラの整備も進み、リモート観測での不便な部分も徐々に減ってきた。

そこに2020年、新型コロナウィルスによるパンデミックが起きた。

パンデミック下で強制的に遠隔地から観測を遂行する状況を経て、観測所側も一気にリモート観測システムの向上を目指して進み始めている。

パンデミック後の観測風景。山頂にはオペレーター（左）とサポートアストロノマー（右）のみで、観測者たちはリモート会議を使って画面越しに参加する、という風景が日常になった。

観測中にトラブルが起きれば、ドームの中で緊急のトラブルシュートをすることもある。2021年から2022年にかけて共同利用観測に供されていた観測装置SWIMS運用のワンシーン。

これまでは、観測者が遠隔地から観測を進めていても、観測所スタッフは依然として山頂施設から観測していた。が、これを改め、すばる望遠鏡を山麓施設から遠隔運用するように体制を更新するプロジェクトが始動した。これまで山頂施設にスタッフを配置することで担ってきた、望遠鏡と装置の「安全な運用」を遠隔でも担保する仕組みを今急ピッチで整えつつある。これにより、夜間スタッフを過酷な山頂域で働かせる必要もなくなり、より快適な環境で、フレキシブルな夜間運用を進めることができるようになる。さらには、建設後25年を経て老朽化の進んだ望遠鏡とドームを、この遠隔運用プロジェクトを機に総点検し、次の10年、20年を安定運用できるようにハードウェアを強化するのも大きなゴールの1つだ。

次世代の天文学のために

実をいうと、マウナケアの山頂域で運用するほかの天文台群は、既に10年以上前からどこも完全遠隔運用へと舵を切り始めており、すばるは後発組だ。25周年を機にこのプロジェクトを一気に進め、次の時代のすばる運用の新しい章を開いていく予定である。国立天文台はマウナケアに30メートル望遠鏡（TMT）を建設する巨大プロジェクトに参加し、天文学の次の時代を切り開こうとしている。TMTが完成した暁には、すばるはTMTで観測を行うためのターゲットを見つけるという重要な役割を担う予定である。

この「すばるで見つけ、TMTで解明する」という日本の光学赤外線天文学が理想とする形を完成させるためにも、より確実でフレキシブルな夜間運用が可能となる完全遠隔運用はキーなのである。

本書の天体の姿は美しいが、その背後にある天文学上の謎を解明するために研究者は日々努力して「知」の地平を広げている。それを最大限に支えることが、すばる望遠鏡の運用を担う私たち全職員のゴールである。画像1点1点に、研究者と観測所スタッフの強い思いが込められていることに、少しだけ思いを馳せていただければ、職員としてこんなに嬉しいことはない。

天体画像の生成

田中賢幸（国立天文台ハワイ観測所）

観測装置とデータ処理

すばる望遠鏡は様々な観測装置を用いて、宇宙の謎に挑み続けている。それぞれの観測装置から出てくる生のデータには、宇宙からの信号がそのままの姿で写っているわけではなく、地球大気や観測装置由来の影響で歪められた信号が写っている。これらの影響を取り除くことで、宇宙からの真の信号を復元し、宇宙の姿をつぶさに調べることができるようになる。これはすばる望遠鏡の装置に固有のことではなく、全ての観測装置に普遍的に言えることで、大気や装置の余分な影響を取り除くことを、データ整約やデータ解析と呼ぶ。

一般に観測装置は2つに大別できる。宇宙の写真を撮る「撮像装置」と、宇宙からの光を虹色に分けて波長ごとの強弱を探る「分光装置」である。本書で紹介した写真は、撮像観測で得られた画像がほとんどであるため、ここでは前者のデータ整約について紹介をしよう。撮像データ整約と一口に言っても、観測装置（とりわけ検出器）によって処理の詳細は異なるのだが、ここではHSCのデータ処理を例として挙げる。

図1：HSCの生画像。一部を拡大した画像を枠で示している。爪で引っ掻いたような筋が見えるだろう。

HSCデータ整約

まず図1に実際の生データ画像を示す。これはHSCの検出器の1つ分であり、実際にはこのような画像が104枚ある。天体らしきものが写っているものの、黒い縦のストライプが入っていたり、画像が下の方で一部暗くなっていたり、明るい星から筋のようなものが伸びていたり等、様々な特徴が見られるだろう。これらが先に述べた観測装置の影響である。明るい星の周りの筋のような模様は、データ整約ソフトウェア（パイプラインと呼ばれる）による処理である程度見えなくなるものの、完全には無くならず、本書の画像でも明るい星の周りにその残骸が見えていることがある。

データ整約の第一歩は、このような装置固有の信号を除去することである。ここではその詳細には立ち入らないが、この処理を自動かつ高精度で行うためのパイプラインが開発されており、HSCでもそのような処理がなされている。図2が処理後の画像だ。生画像よりはるかに綺麗な画像になっていることは一目瞭然である。

話が少し逸れるが、生画像には上で述べた特徴のほかにも、爪で引っ掻いたような短い筋がたくさん入っている。これは宇宙から飛んでくる宇宙線である。ミューオンがその代表例だろう。これらの宇宙線はしばしば雑音として処理され、

図2：第一段階の処理が終わった画像。一つながりの画像になり、天体がはっきりと見えるようになる。

図3：たくさんの露出を足し合わせた画像。1点の画像では見えていなかった暗い天体が姿を現す。

画像から消されてしまうことが多い。しかしながら、宇宙線を研究している人たちにとっては、それはもちろん信号である。HSCの観測時に偶然写った「空気シャワー」が学術論文になったことは、その好例と言えるだろう［図5］。

画像がある程度綺麗になると、次に画像に対して正確な座標を定義し、明るさの原点を測定する作業がある。ややこしい言い方になっているが、やっていることは概念的には難しくない。天文学者は空の上での天体の位置を示す際に、座標を用いる。これは地球上の位置を表すのに広く使われる緯度・経度と本質的に同じものである。この座標の定義というのは、画像上のある位置が空の上でどの位置に対応するか、という関係を決めているだけである。もう1つの明るさの原点は、画像でこの強さの信号を出す天体は○○等級の天体である、という対応関係を作ることである。これらをすることにより、画像に写り込んだ天体の明るさや正確な座標を測定することができる。

この時点で各画像に対するデータ整約は終了である。通常の観測では、少しずつ望遠鏡を動かしながら、空の同じ領域を何度も露出をする。たくさんの露出を重ねることで、より暗い信号を検出することができるからだ。そのような重ね処理を行うと、図3のように非常に暗い天体が姿を現す。この画像を用いて、天文学者は日々深宇宙の探査を行っている。

色合成

HSCのような撮像装置は、通常フィルターと呼ばれる光学素子を通して画像を取得する。フィルターはある限られた波長域の光だけを通過するものが多く、そのようなフィルターを通して観測すると、その波長域での宇宙の姿を捉えることができる。HSCのためのフィルターは数多く作られ、可視光における様々な波長域での観測が可能である。それぞれのフィルターから得られる画像は本質的に白黒画像であるが、本書で作られたカラー画像は、3種類のフィルターで撮影された画像を青、緑、赤チャンネルとして、3色合成したものを多く用いている。

この色合成について、一点注意がある。渦巻銀河の腕に点在する星形成領域からは、Hα（エイチアルファ）輝線（波長656ナノメートル[1]）と呼ばれる水素原子の光が強く放出される[2]。一般にこの光を赤色に着色することが多いが、本書ではHSCフィルターの都合上、緑色となっていることが多い。例外はあって、例えば58ページのNGC 6822は星形成領域を赤（ピンク）で表現しているが、ほかの多くの銀河では緑色である。単に色付けの違いであり、銀河の本質的な差異ではないことに留意されたい。

色に加えて、光の強度にも気を使う必要がある。天体画像の輝度の幅は非常に広いからだ。ディスプレー表示や印刷では表現しきれないため、そのダイナミックレンジを圧縮して表示する必要がある。今回は、「asinh」という関数を使って明るさを調整した。そのスケーリング後に3色のカラーバランスを取り、ノイズ軽減処理、弱いエッジ強調処理を施した画像を本書では多く採用している。

このように生画像からカラー画像を作るまでの道のりは実に長い。画像処理の各ステップで用いられるアルゴリズムも複雑なものである。ご覧いただいた画像の1つ1つにはこのような多大な努力があったのだが、天体画像の美しさや宇宙の神秘が少しでも読者に伝わったのであれば、その努力は報われたと言えるだろう。

1) 1ナノメートルは、1ミリメートルの100万分の1。
2) 59ページ「銀河に見られる赤い光」参照。

図5：HSCのCCDに写った空気シャワー。宇宙から降り注ぐ高エネルギーの宇宙線は、地球の大気にぶつかって多くの2次粒子群を生み出し、それが地上に降り注ぐ。この空気シャワーと呼ばれる現象がHSC観測中に捉えられた。この現象を極めて詳細に可視化した貴重な1点である。

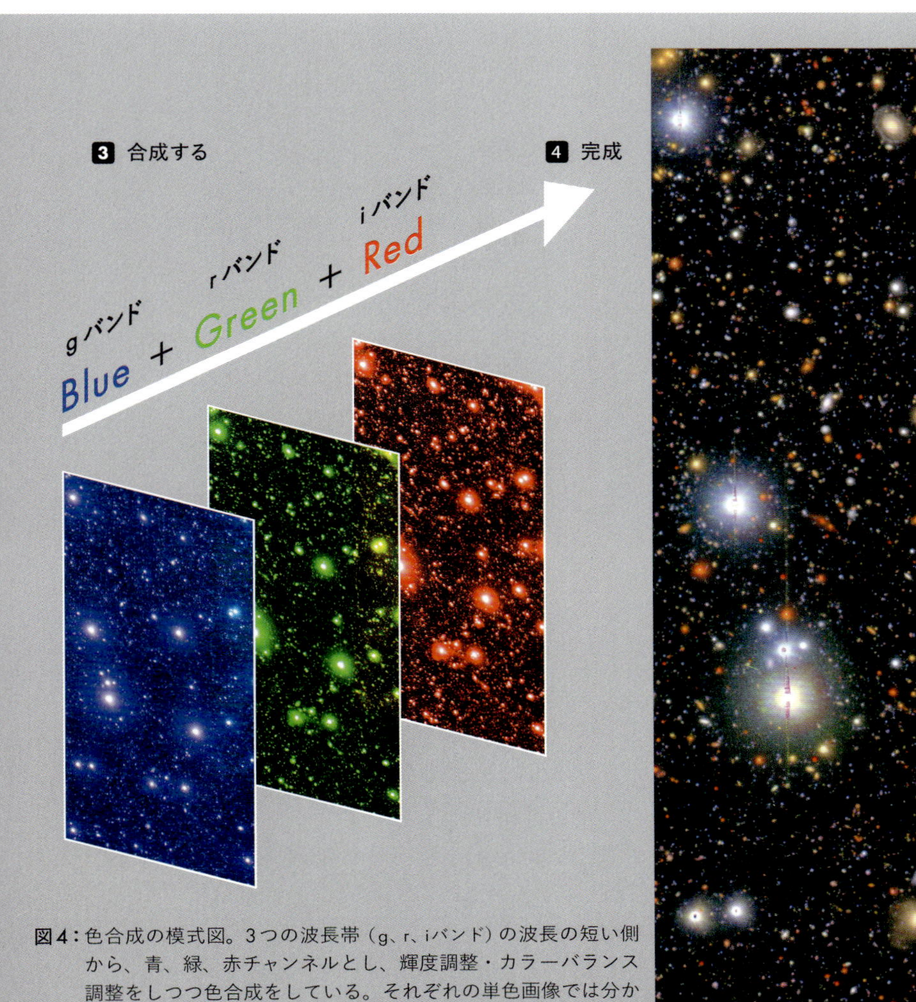

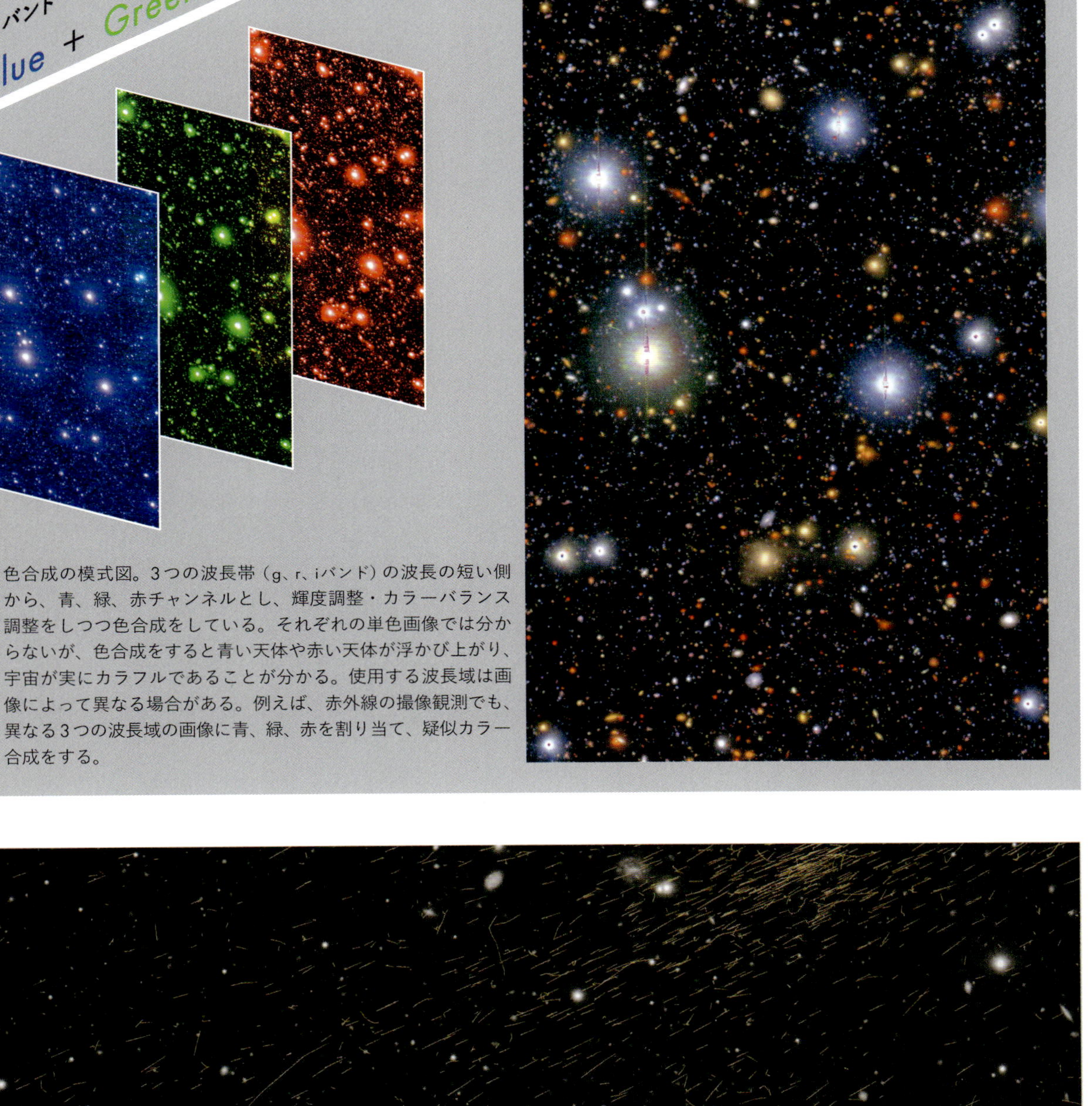

図4：色合成の模式図。3つの波長帯（g、r、iバンド）の波長の短い側から、青、緑、赤チャンネルとし、輝度調整・カラーバランス調整をしつつ色合成をしている。それぞれの単色画像では分からないが、色合成をすると青い天体や赤い天体が浮かび上がり、宇宙が実にカラフルであることが分かる。使用する波長域は画像によって異なる場合がある。例えば、赤外線の撮像観測でも、異なる3つの波長域の画像に青、緑、赤を割り当て、疑似カラー合成をする。

天文学とAI

嶋川里澄（早稲田大学高等研究所）

人工知能（AI）が変える天文学

これまで天文学は、人間の直感と、技術を駆使した観測と分析によって実現されてきた。そんな中、近年ではAI技術の進展により、膨大な観測データを高速かつ正確に解析し、従来の手法では見落とされがちな微細な特徴や予想外の現象を捉えることが可能になってきている。

天文学がAIによって受ける恩恵の分かりやすい例として、高度な「ノイズ除去」が挙げられる。観測データにはノイズが大小問わず必ず存在しており、これは常に天文学者の大きな悩みの種であった。特に、ダークマター（暗黒物質）の分布を調べる際に利用される「重力レンズ効果」[1]では、観測データの不確実性が悪影響を及ぼし、ダークマターのマッピング精度を著しく下げることが広く知られている。

この問題に対して、AI技術を活用した解決策が登場している。ダークマターの「ノイズ無し地図」と「ノイズ有り地図」をシミュレーションによって生成し、それらをAIに学習させることで、AIはノイズの特性を理解し、観測データからノイズを除去する能力を獲得する。その結果、すばる望遠鏡HSCが取得したデータを基に、これまで解析が困難だったダークマターの詳細な地図[2]の作成に成功している［図1］。

この成果が示すのは、AIが天文学におけるデータ解析の方法を根本的に変えつつあるということである。膨大な観測データとシミュレーションデータを組み合わせてAIを訓練することで、従

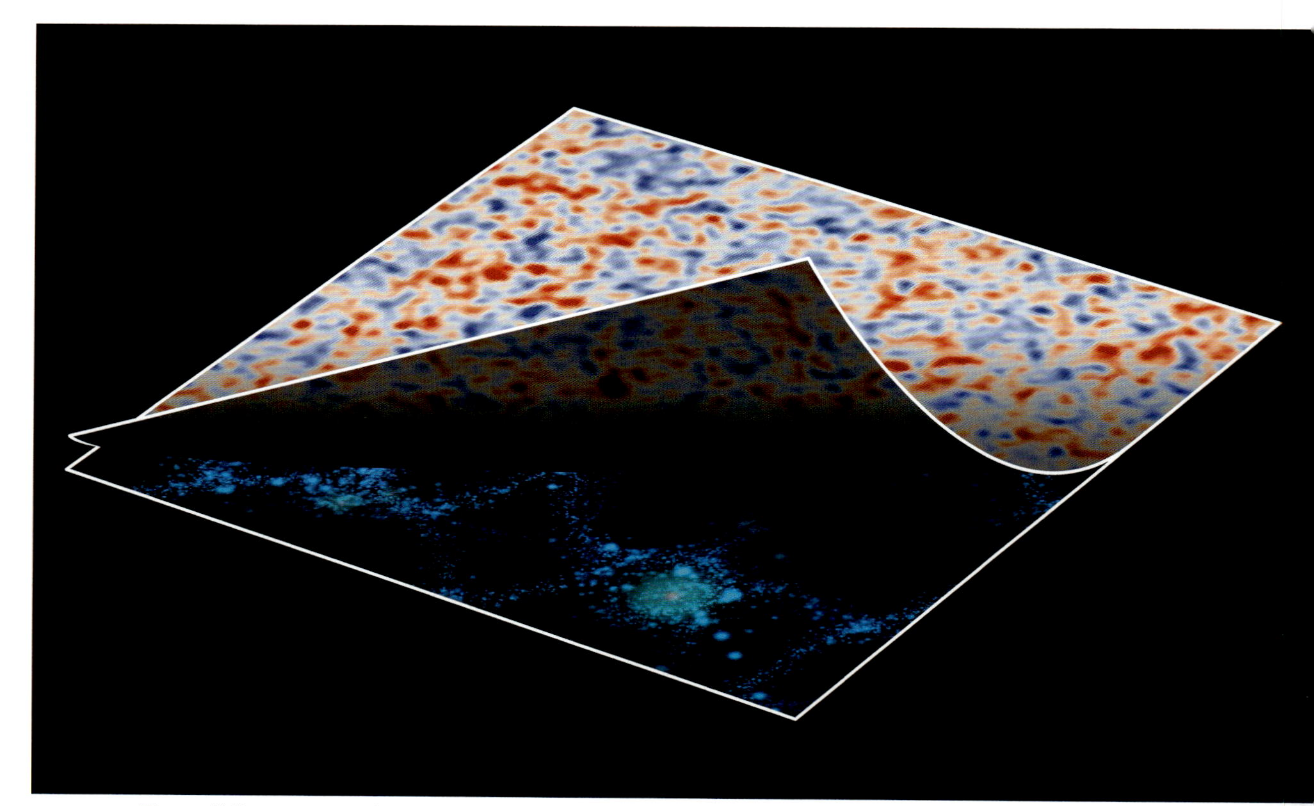

図1：AI技術（深層学習）を使って観測データからノイズを取り除くことで、埋もれていたダークマターの詳細な情報が得られるようになる。

来の統計的手法では捉えきれなかった微細なパターンや構造が明らかになる。上に挙げた研究が行った観測・シミュレーション・AIによる三位一体のアプローチは、天文学が直面する複雑な問題に対する新たな解決手段と言えるだろう。

さらに、AIの天文学への応用は単にノイズ除去にとどまらない。すばる望遠鏡ではほかにも、この三位一体のアプローチによって、形成初期の銀河の発見という新たな成果をもたらした。この発見は、形成初期の銀河が現在の宇宙にも存在することを証明するものであり、宇宙初期の物質進化や銀河形成のメカニズムを理解するための重要な手がかりとなる。

宇宙初期の銀河は、ビッグバン直後の宇宙に存在した水素とヘリウムを主成分とし、重い元素や金属をほとんど含まない。このような銀河を現代の宇宙で発見することは極めて難しいが、先ほどと同様に、理論モデルを基に形成初期の銀河が持つ独特な色をAIに学習させることで、観測データから効率的に候補天体を抽出する仕組みを構築した。これにより、すばる望遠鏡の膨大なデータに埋もれていた極めて稀な原始的銀河を発見することに成功した［図2］。

このように、AIはノイズ除去に加え、宇宙初期の貴重な情報を現代の観測データから掘り起こし、新たな発見へと導く役割を果たしている。さらに、銀河の形態分類においても、AIは天文学の新たな地平を切り開いている。すばる望遠鏡で観測された膨大かつ高精度なデータを効果的に活用した銀河形態分類プロジェクトは、その象徴的な例と言える。

銀河には、渦巻銀河や楕円銀河、衝突銀河など、多様な形態が存在する。この形態の多様性がどのように生まれ、進化してきたのかは、天文学における最大の謎の1つである。エドウィン・ハッブルが提唱した「ハッブル分類」[3)]を皮切りに、銀河の形態は宇宙の歴史や環境を紐解く鍵として研究されてきた。しかし、膨大な数の

図2： HSCデータの中から、酸素含有量が少ない候補天体をAIが選んだ。その結果、当時知られていた中では最も酸素含有率が小さな銀河が発見された。

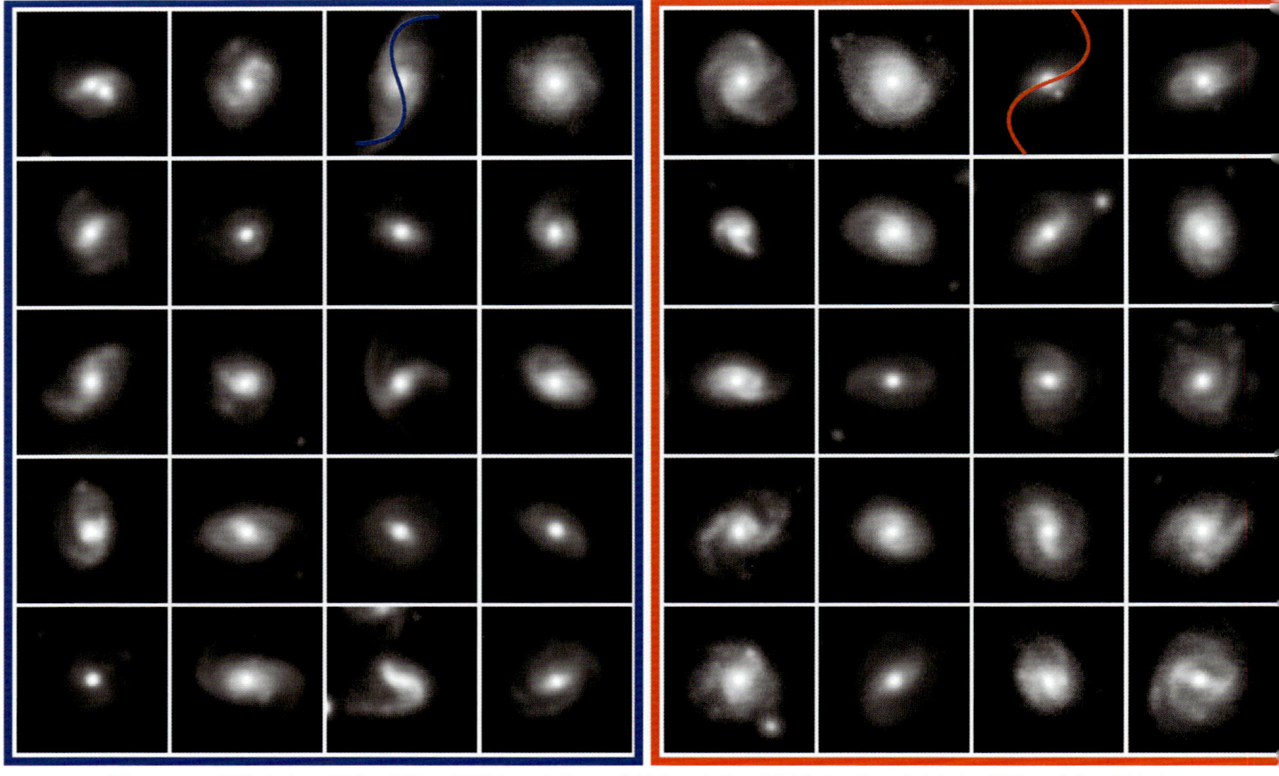

図3： HSCが撮像した56万もの銀河の形態をAIを使って高速かつ自動で分類することに成功した。画像は向きの異なる渦巻構造の分類結果の一例を示している。

銀河を1つずつ人の目で分類するには、莫大な時間と労力が必要であった。そんな中、2010年代にAIが導入され始め、こうした時間のかかる単調な作業が大幅に削減され、特定の規則に従った安定した分類結果が得られるようになった[図3]。特に、第3次AIブームの火付け役となった畳み込みニューラルネットワーク[4)]が、この分野で主に活用されている。

AIが天文学のデータ解析に革新をもたらした一方で、人による解析も依然として重要であることをここで強調しておきたい。2019年に始まった国立天文台による国内初の市民天文学プロジェクト「GALAXY CRUISE」では、市民の協力によって銀河形態を分類し、そのデータベースの構築が進められている[5)]。このデータベースはAIの学習データとしても活用され始めており、近い将来、衝突銀河のような複雑な形態の銀河も、より効率的に識別できるようになると期待される。これにより、銀河の形態進化や重力相互作用に関する理解が一層深まるだろう。

銀河の形態分類から得られる情報は、宇宙の構造形成や銀河進化の歴史を解き明かす上で欠かせないものである。そして、観測データ、機械学習、市民天文学という3つの要素が融合することで、銀河天文学は新たな発展の道を切り開きつつある。このアプローチは、現代天文学が直面する膨大なデータという課題に対する解決策であると同時に、宇宙をより深く理解するための最前線の取り組みだと言える。

AIが代わる天文学

ここまで、AIが天文学において既存の解析手法にどのような変革をもたらしたか、具体例を挙げて紹介した。AIの導入がさらに進めば、いずれは「宇宙の未知の発見」という天文学者の本分とも言える使命を代替する時代が訪れる可能性もある。実際、2020年代初頭には、AIが外

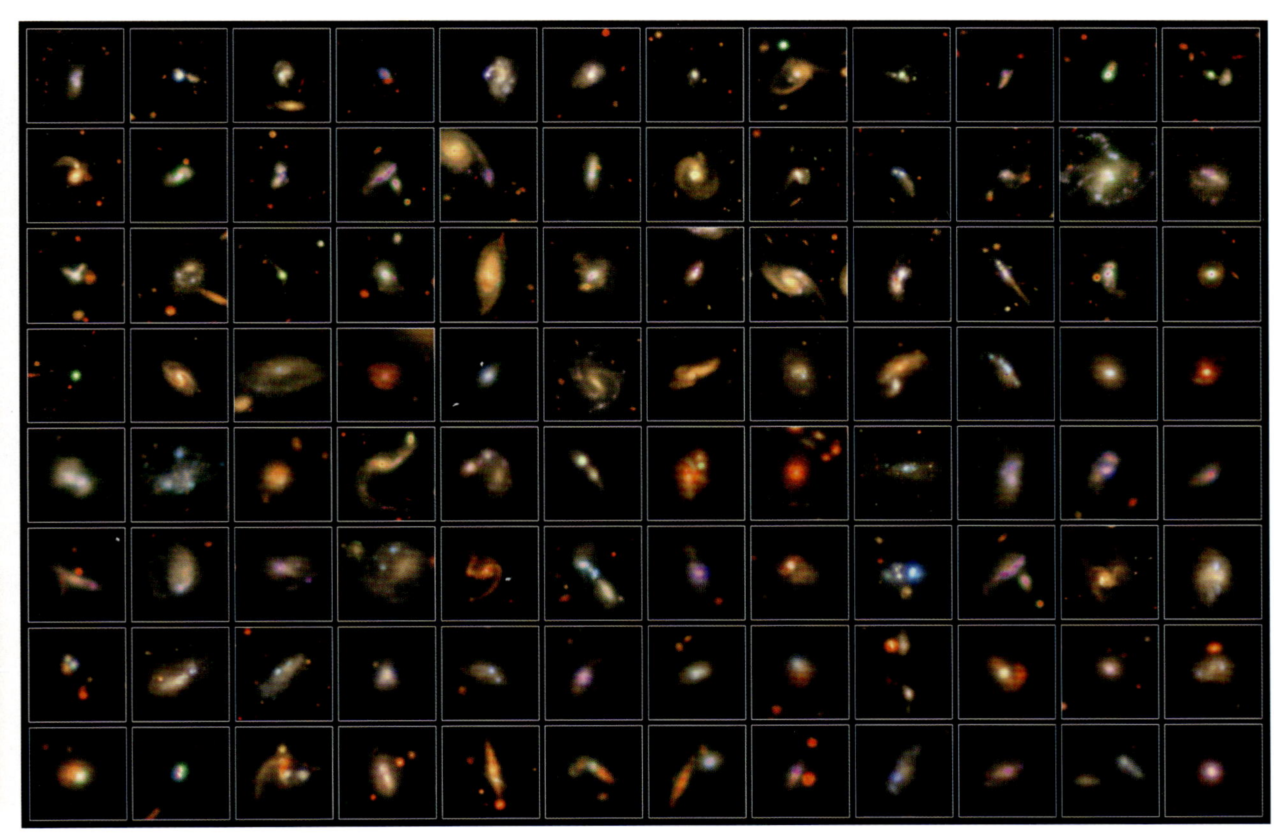

図4：宇宙の宝石箱。AI異常検知アルゴリズムによって、強烈な輝線を放つ煌びやかな天体を抽出した。

れ値や異常検出アルゴリズムを活用し、新種の超新星や未分類の電波源を発見するなど、その可能性を示唆する成果が挙げられている。

すばる望遠鏡では、HSCを用いた大規模探査プログラムによって構築された膨大な画像データベースを活用し、既存の銀河進化モデルでは説明できない極端な性質を持つ銀河や、発見数が少なく統計解析が困難な希少銀河を掘り出す試みが行われている。ここで、この膨大なデータを人の手や従来の解析手法で処理すると莫大な時間を要するため、代わりとしてAIによる異常検知アルゴリズムが応用されている。異常検知AIの利点は、これまで紹介したアルゴリズムとは異なり、事前に学習用データを必要としない点にある。直接データそのものを構造解析することで、その中から珍しい特徴を持つ「例外的」な天体を自動的に抽出できる。この特性は、理論モデルに依存せず、宇宙でまだ見つかっていない未知の天体を探索する上で極めて有用である。

実際、すばる望遠鏡のデータを用いた試験的研究では、異常検知AIが珍しい色や明るさを持つ銀河を効率的に抽出できることが確認されている［図4］。これらの天体には、爆発的な星形成を示す銀河や活動的な超巨大ブラックホールなど、現在の宇宙において非常に稀とされる天体が含まれており、異常検知AIが新種の天体探しに有効であることがうかがえる。

今後、AIとすばる望遠鏡の相乗効果が天体探査においてどのように人の研究技能を補完し、さらには超越していくのだろうか。人とAIが協働する未来の天文学は、宇宙の未知をより深く解明する可能性を秘めている。

1） 118–119ページ「重力レンズ効果」参照。
2） ダークマターの地図については、122–123ページ「ダークマターの地図の作り方」参照。
3） 32–33ページ「銀河の多様性」参照。
4） 画像や映像などのデータから特徴を自動的に抽出し、分類や認識を行う機械学習モデル。
5） 100–101ページ「市民天文学者とともに発見した激しい合体の瞬間にある銀河」参照。

すばる望遠鏡　これからの役割

宮崎 聡（国立天文台ハワイ観測所）

すばる望遠鏡は2025年で共同利用による科学観測開始から25周年の節目を迎えることができた。マウナケア山頂域の過酷な環境に長年さらされ続けた望遠鏡ドームは、可動部の老朽化が進み故障が頻発するようになってきていた。また、大型精密機械である望遠鏡本体も、その性能を維持するための特殊部品の多くが、調達困難になり始めるなどの問題も顕在化してきていた。幸いなことに、関係する方々のご理解により、老朽化対策のための予算をタイムリーに措置していただき、必要な改修や新規部品への置き換えを進めることができている。これにより、次の四半世紀においても、安定運用を続けることが可能になる見通しである。この場を借りて謝意を表したい。

すばるのような口径8メートルの望遠鏡が建設される前は、口径4メートル級の望遠鏡が建てられた。1970年代のことである。それらの望遠鏡はそのほとんどが、2025年の現在でも現役で使われている。このように、大型望遠鏡は、それより大きな望遠鏡が現れたとしても、50年というタイムスケールで運用されるのが世界標準である。すばる望遠鏡も丁寧に手入れをしながら、大切に使い続けたい。

望遠鏡本体の構造やその性能は、観測開始後変わるものではない。しかし、望遠鏡が集める光が結像する焦点面に置かれる「観測装置」は、最新技術を取り入れたものに置き換えられていく。この観測装置の基本的な役割は、天体から来る光を電気信号に変換して記録することであるが、その前段階で、観測目的に応じて光を「加工」する役割を持つ。

「加工」の例としては、プリズムなどの光学素子を使って光を分光したり、暗い天体の検出に邪魔な明るい星の光を除去することが挙げられる。この光を電気信号に変換する光検出器や、光学素子、不要光除去素子などの性能は技術革新が続いていて、その性能は日進月歩である。そのため、最新の技術を取り入れた新しい観測装置を開発し、望遠鏡に搭載することができる。この自由度が、宇宙望遠鏡にない地上望遠鏡のメリットである。本書の画像を取得するのに主として使われた、主焦点広視野カメラも、進んだ検出器技術や光学部品製作技術を取り入れて強化された2代目である。

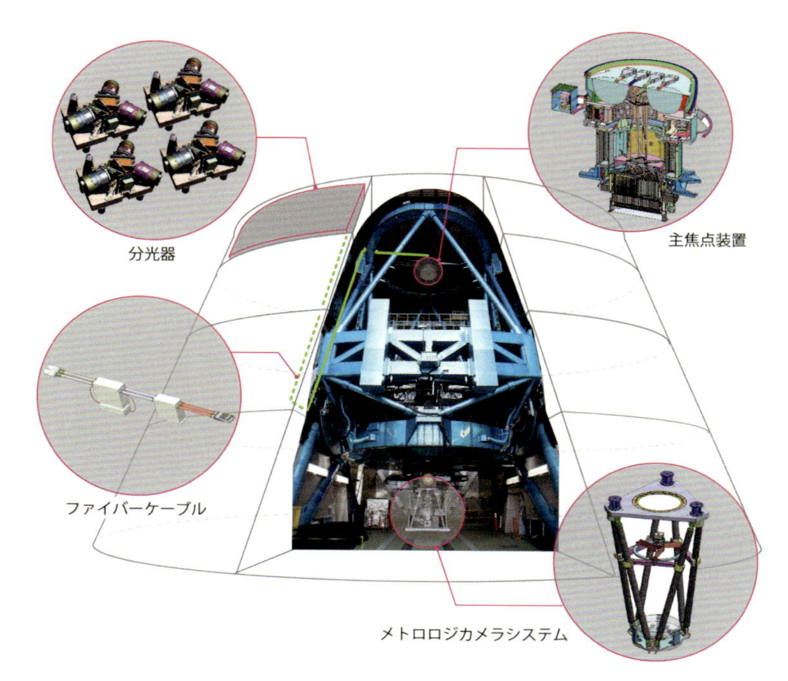

図1：PFSの模式図。PFSでは、望遠鏡やドームの複数の箇所に設置されたサブシステムが連携して観測を遂行する。

すばる望遠鏡には2025年の2月から、さらに新しい観測装置が1台加わった。それは、超広視野多天体分光器（PFS）と呼ばれる装置で、これにより一度に約2400天体の分光観測が可能になる。図1に示したように、PFSは複数の機器で構成されている。これまで主焦点広視野カメラが設置されていた場所に、「主焦点装置」が設置される。そこには、光ファイバーの先端を天体像の位置に正確に配置するための小型アクチュエーター2400個がぎっしりと収められていて、狙った天体の光を光ファイバーに導入する役割を果たす。天体からの光はこのファイバーを通じて、ドームに設置してある分光器に導かれ、そこでスペクトル[1)]を記録する。望遠鏡下部には、「メトロロジカメラシステム」が設置され、光ファイバーの先端が正しい位置に設置されているかを確認する役割を持つ。主焦点広視野カメラで発見した天体を、PFSで分光して、その天体の物理状態、構成元素、距離などを調べるというのが、基本的な研究の進め方である。

PFSに続いて、さらに新しい観測装置の開発も続けられている。大気揺らぎによる星像の乱れを計測し、それを補正する技術（補償光学技術[2)]）があるが、それをより広視野で実現しようという計画がその1つである。すばる望遠鏡が設置されているマウナケアでは、平均的な星像の大きさ（大気揺らぎの大きさで決まり、大気条件により変化する）は、波長2.2マイクロメートル[3)]において0.5秒角[4)]であるが、この新しい装置では、0.25秒角よりも高い結像性能を50パーセントの確率で、14分角×14分角[5)]の視野全体で実現しようとしている。これは、欧州天文台の観測装置に比べて4倍以上広く、大きな性能改善と言える。

すばる望遠鏡はこれまで、オリジナルな技術を活用して、主焦点広視野カメラのように、ほかより抜きんでた観測装置を投入することで、世界のほかの大望遠鏡に対して競争力を維持してきた。PFSや広視野補償光学系はこれに続くものである。これにより、日本の天文学コミュニティーに、すばる望遠鏡でしかできない、ユニークな研究機会を提供し続けられる。また、世界でここにしかない装置は、世界中の研究者が使いたがる。すると、必然的に日本を中心とした国際共同研究が多数始まる。こうして、天文学研究を通じて、国際貢献をしていくことも、すばる望遠鏡の使命の1つである。

2030年代はTMTをはじめとする口径30メートル級の望遠鏡が稼働を始める［図2］。その時代のすばる望遠鏡は、このような巨大望遠鏡に対して、観測すべき天体を教える役割を担うだろうが、その前にもやることがある。巨大望遠鏡にも観測装置が搭載されるが、その装置に使われる最新技術の実証試験を行うためのテストベンチが必要となる。すばる望遠鏡はそれを提供できる。例えば、先に補償光学技術の拡張として、広視野化について触れたが、別の拡張として、狭い視野に限るものの、像改善の度合いを極端に高める、というものがある（極限補償光学技術）。これは主として、太陽とは異なるほかの恒星（主星）の周りに、惑星を探すことに用いられる（太陽系外惑星探査）。生命の存在が期待される地球のような惑星は、主星に近くて暗いため、主星からの光を除去する技術のさらなる発展も必要である。これら、進展著しい新しい技術のテストを行う環境を提供することも、すばる望遠鏡のこれからの役割として、ますます重要になってくるだろう。

1） スペクトルについては、13ページ参照。
2） 補償光学技術については、14ページ参照。
3） 1マイクロメートルは、1ミリメートルの1000分の1。
4） 1秒角は、1度の3600分の1。
5） 1分角は、1度の60分の1。

図2： 次世代超大型望遠鏡TMTの完成予想図。TMTは国際協力で口径30メートルの望遠鏡を建設・運用する計画で、国立天文台も参加している。

すばる望遠鏡 25年の歩み

1999

ファーストライトで観測されたオリオン大星雲（左図）
近赤外線カメラCISCO
*132ページ参照。

完成記念式典の様子（右図）

2000

波面補償光学装置（AO36）ファーストライト
近赤外線分光撮像装置 IRCSのみで捉えた恒星（左）と、補償光学AO36+IRCSで撮像した同じ恒星（右）。補償光学を使うことにより、望遠鏡の分解能（分解できる角度の限界）が左図の0.33秒角から右図の0.07秒角にまで改善された。

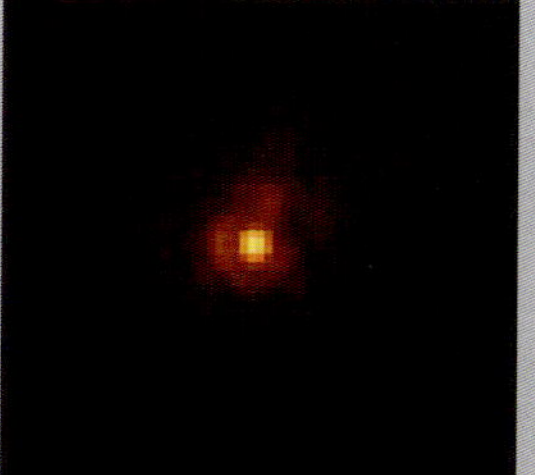

2001

リニア彗星の形成時の温度計測に成功
CISCOを使って近赤外線で撮影したリニア彗星。主に彗星から放出された塵の分布を表している。高分散分光器 HDSを用いた可視光分光観測により、この彗星が生まれたときの温度が土星から天王星軌道付近の温度に相当することが分かった。

2002

銀河の周りに広がる巨大ガス雲の発見
地球から6600万光年離れたおとめ座銀河団の銀河NGC 4388の周りに、大きさが約11万光年もある電離した水素のガス雲を、主焦点カメラSuprime-Camによる可視光撮像で発見。銀河の中心から左上の方向に広がる紫色や赤色に見えているのが今回発見したガス雲だ。 *52-53ページ参照。

2003

最も遠い銀河（当時）を発見
赤方偏移6.6
およそ130億光年彼方にある最も遠い銀河を発見。
Suprime-Camと狭帯域フィルターで天体を検出、微光天体分光撮像装置 FOCASによる分光観測により赤方偏移を測定。
*124ページ参照。

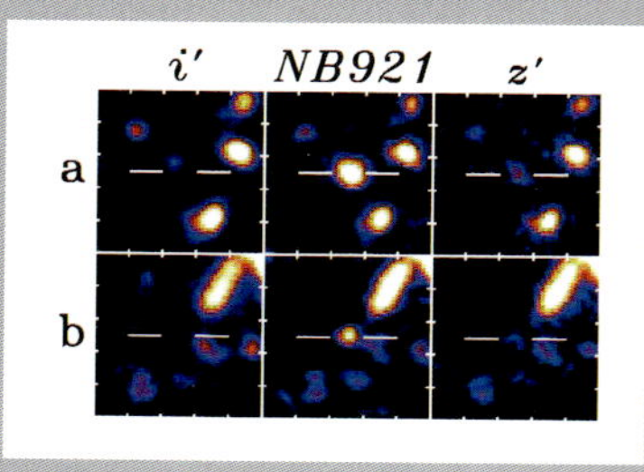

発見された2つの銀河。
図中央の狭帯域フィルター（波長908-932ナノメートル）でのみ明るく輝いている。

2004

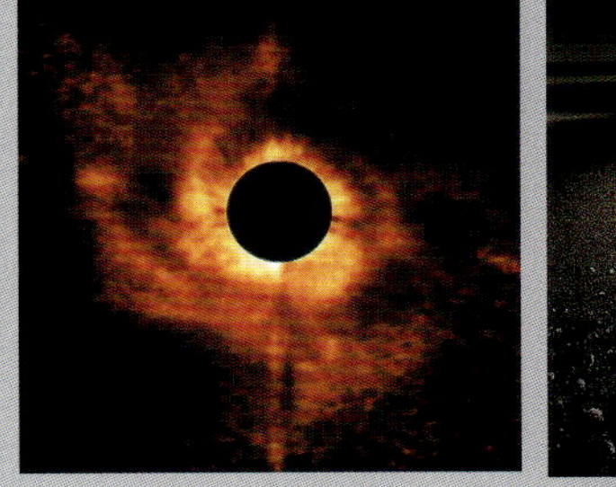

渦巻状の原始惑星系円盤を描き出す（左図）
補償光学AO36とコロナグラフ撮像装置CIAOで撮影した渦巻状の惑星誕生現場。原始惑星系円盤が予想外に複雑な構造を持つことが明らかになった。　＊158ページ参照。

太陽系外に微惑星のリングを発見（右図）
中間赤外線撮像分光装置COMICSの観測により、周囲で惑星形成が進んでいると考えられる若い星を塵がリング状に取り巻いていることが明らかになった。この塵は、惑星の種となる微惑星が大量に存在していることを示唆している。　イラスト：神林光二

2005

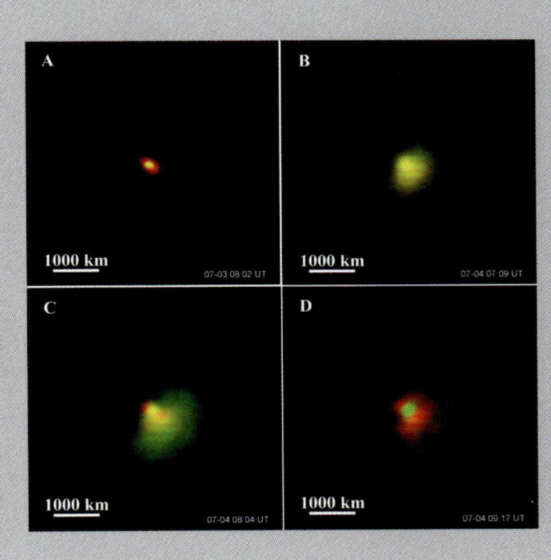

最も重元素の少ない星（当時）を発見
高分散分光器HDSを用いて、これまでに知られている中で最も鉄組成の低い星（HE1327-2326）を発見し、その元素組成の測定に成功した。宇宙の第一世代の星による重元素合成の結果を示すものと考えられ、宇宙で最初の星形成プロセスや元素の起源に重要な制限を与えるものだ。

ディープインパクトの衝突現象を観測（右図）
COMICSを使い、ディープインパクト探査機とテンペル第1彗星の衝突の中間赤外線撮像に成功。彗星の内部物質の組成や衝突の衝撃によって宇宙空間に飛び出した物質の量を明らかにした。

最遠方（当時）のガンマ線バーストを捉える　赤方偏移6.3
FOCASを用いて、重い星が崩壊してブラックホールを作る際に起こると考えられるガンマ線バーストの残光の分光観測に成功。当時最も遠方のバーストの観測で、宇宙再電離の時期に新たな制限が加えらた。

2006

最も遠い銀河（当時）を発見　赤方偏移7.0
Suprime-Camで撮ったすばる深探査領域の一部（254秒角×284秒角）の疑似カラー画像。今回発見された宇宙で最も遠い銀河IOK-1（8秒角四方の拡大画面の中央にある赤い銀河）。
＊124ページ参照。

2007

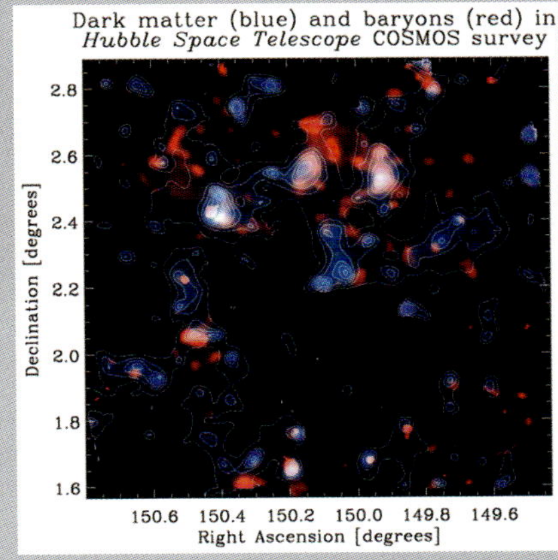

重力レンズ現象を用いたダークマター分布の測定に成功
Suprime-Camを用いてCOSMOSフィールドの多色撮像観測を行い、約50万個の銀河の距離を推定することに成功した。これらの値をハッブル宇宙望遠鏡の結果と合わせて解析すると、重力レンズ現象を引き起こしているダークマターの距離が分かる。これにより、ダークマターの3次元的な空間分布が世界で始めて明らかになり、ダークマターもまた、大規模構造を形成していることが示された。
図は、COSMOSフィールドで得られたダークマターの2次元分布（青色に等高線付きで示されている）と通常の物質（バリオン）の2次元分布（赤色で示されている）。
クレジット：Richard Massey et al.

2008

超新星の光エコーの分光観測に成功
超新星残骸カシオペヤAのもとになった爆発の光が周囲の塵に反射・再放射した「光のこだま」を観測することに成功。FOCASを用いた分光観測により、この超新星のタイプを明らかにした。

2009

宇宙初期の巨大ガス雲を発見

Suprime-Camで撮像された領域から、ビッグバンから約8億年後の生まれて間もない宇宙で、巨大なガス雲を発見した。図は、「ヒミコ」と名付けられたこの天体の水素輝線スペクトル画像。

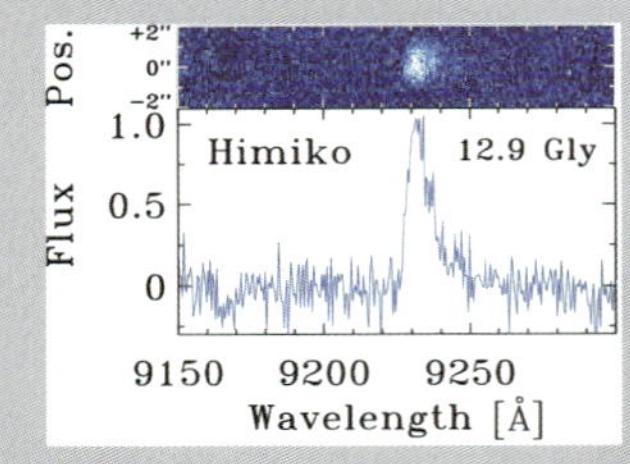

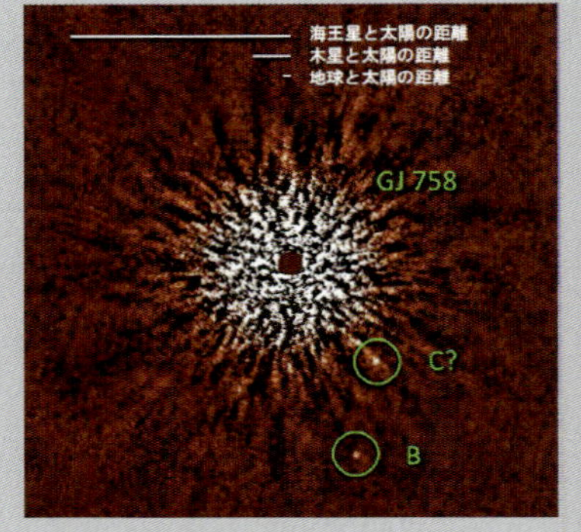

主星の自転に逆行する太陽系外惑星を発見

太陽系の惑星はすべて太陽の自転と同じ向きに公転している。しかし、太陽系外惑星の中には主星の自転と逆向きに回る惑星があることがHDSを用いた観測で分かった。

太陽系外惑星の直接撮像に成功（右図）

高コントラスト近赤外線カメラ HiCIAOで撮像された太陽型星GJ758の惑星候補天体（BとC）の画像。中心はコロナグラフで隠された主星の光（隠しきれなかった光）。このうちBは後に主星に実際に付随する天体であることが確認された。

2010

見えない光で96億年前の巨大銀河の集団を発見

多天体近赤外撮像分光装置MOIRCSによる近赤外線撮像観測で、96億年前の赤い巨大銀河（図中の矢印）が密集して銀河団を構成している様子が明らかになった。またX線衛星によるデータから、その銀河団からの大きく広がったX線（図中の白い等高線）も見つかった。

2011

最も遠いIa型超新星（当時）の発見

Suprime-Camによって100億光年以上遠方の銀河にIa型超新星を新たに10個発見。Ia型超新星は宇宙膨張の測定に用いられる重要な天体。図は、すばるディープフィールドの10パーセントの範囲に相当し、観測で見つけた150個の超新星のうち22個を示している。

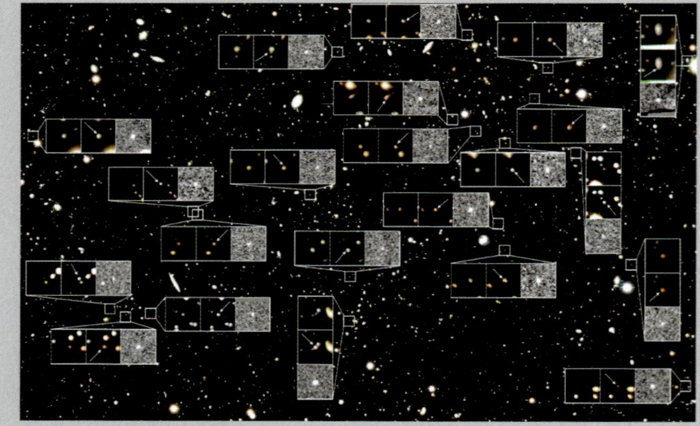

2012

宇宙最遠方（当時）の銀河団の発見

Suprime-Camによる可視撮像データと、FOCASによる追加分光観測により、129億光年先にある「原始銀河団」を発見。丸で囲んだ赤い天体が129億光年先にある銀河だ。

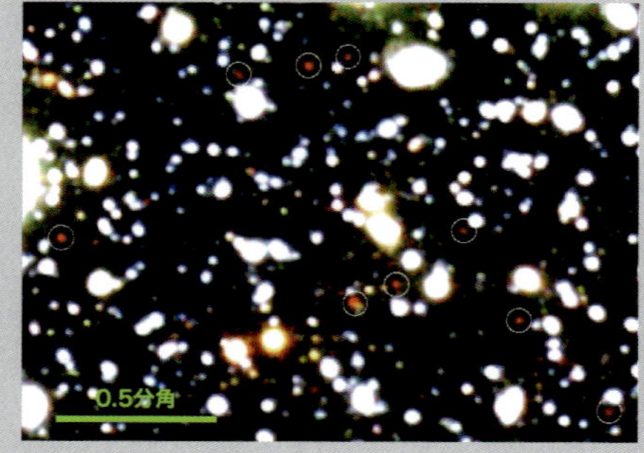

爆発的星形成銀河からの銀河風と衝突するガス雲

爆発的星形成中の銀河M82から4万光年も離れた場所にある電離ガス雲が、M82から噴き出している銀河風と衝突して光っている様子を、京都3次元分光器第2号機Kyoto3DIIが捉えた。

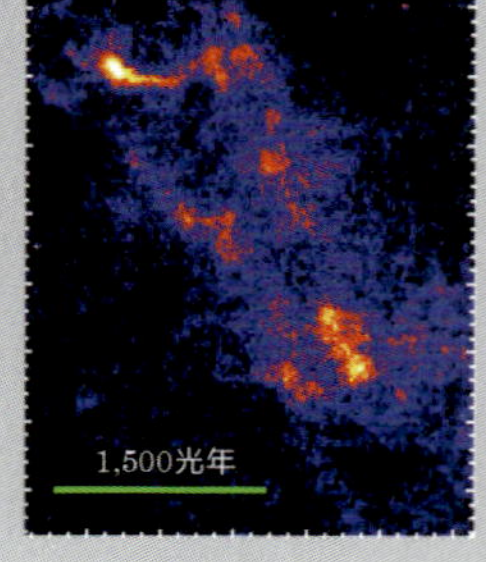

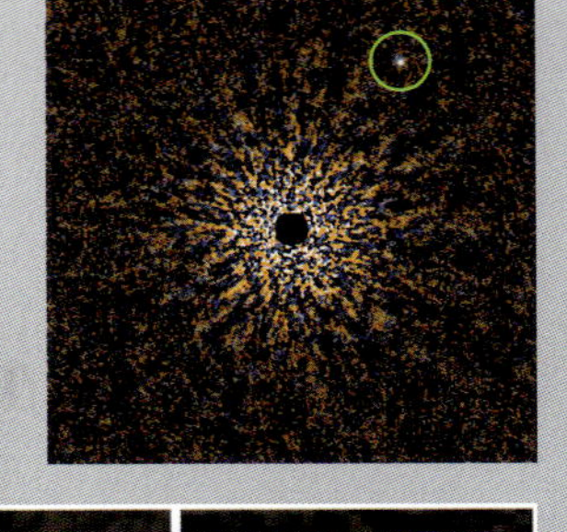

2013

最も低温な太陽系外惑星の直接撮像に成功

太陽に似た星の周りで、「第二の木星」の直接撮影に成功した。図はHiCIAOによる太陽型恒星GJ 504の周りの赤外線疑似カラー画像で、緑の丸が低質量惑星GJ 504 b。コロナグラフにより中心の明るい主星からの光の影響は抑制されているが、それでも取りきれない成分が中心部から放射状に広がっている。　*161ページ参照。

2014

ガリレオ衛星の「食」の間での発光を発見

IRCSと補償光学（AO188）を用いて撮影された木星の赤外線画像。右上は「食」の状態でない衛星ガニメデ。　*164–165ページ参照。

クレジット：国立天文台/JAXA/東北大学

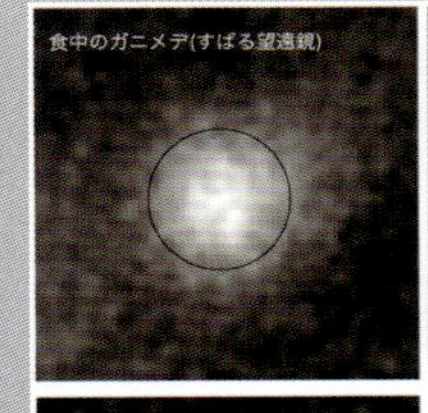

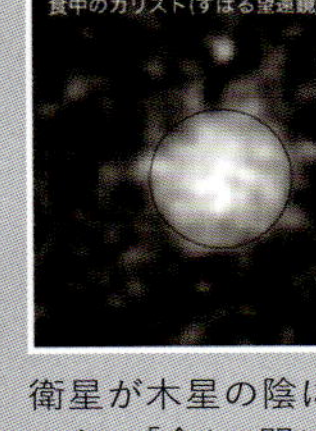

衛星が木星の陰に入り太陽光に直接照らされていない「食」の間にもわずかに輝いている現象が発見された。木星の衛星ガニメデ（左上：すばる、右上：ハッブル宇宙望遠鏡）およびカリスト（左下：すばる）の赤外線画像。

クレジット：国立天文台/JAXA/東北大学

2015

新星におけるリチウム生成の発見

2013年8月に現れた新星爆発の光をHDSで分光し、宇宙における元素の起源や物質進化を理解する上で重要なリチウムが新星爆発で多量につくられていることをつきとめた。新星爆発が現在の宇宙におけるリチウムの主要な起源であることが明らかになったことにより、宇宙の物質進化の理解が大きく進んだ。（図は新星爆発の想像図）

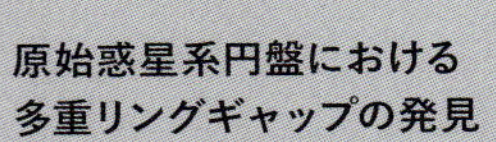

原始惑星系円盤における多重リングギャップの発見

HiCIAOを用いて、「うみへび座TW星」という若い星の周りにある原始惑星系円盤を、これまでで最も詳細に写し出すことに成功した。観測の結果、この星の原始惑星系円盤において、半径約20天文単位（太陽から天王星までの距離に相当）の位置に、リング状のギャップ（空隙）構造を発見した。

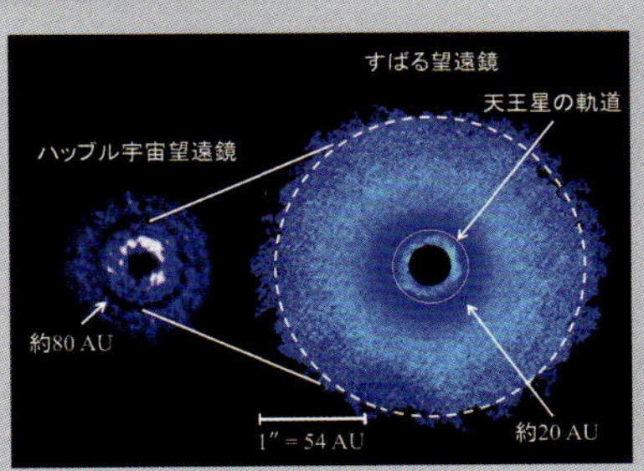

2016

最も暗い矮小銀河を発見

超広視野主焦点カメラHSCを使ったすばる戦略枠プログラムのデータから、銀河系に付随する衛星銀河を新たに発見した。おとめ座の方向に見つかった最初の矮小銀河であることから「おとめ座矮小銀河I」と名付けられたこの銀河は、現在知られている中で最も暗い矮小銀河の1つだ。

クレジット：東北大学/国立天文台

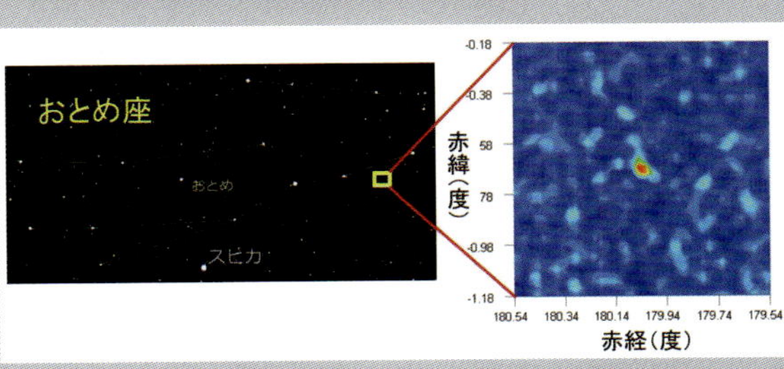

90億光年彼方での一般相対性理論の検証

約87–95億光年の宇宙にある約3000個の銀河の距離をファイバー多天体分光器FMOSで測り、遠方宇宙の3次元大規模構造マップを完成させた。個々の銀河の運動から求めた大規模構造の成長速度を、一般相対性理論の予想値と比較した結果、測定誤差の範囲で一致していることが分かった。

クレジット：国立天文台、一部データ提供：CFHT, SDSS

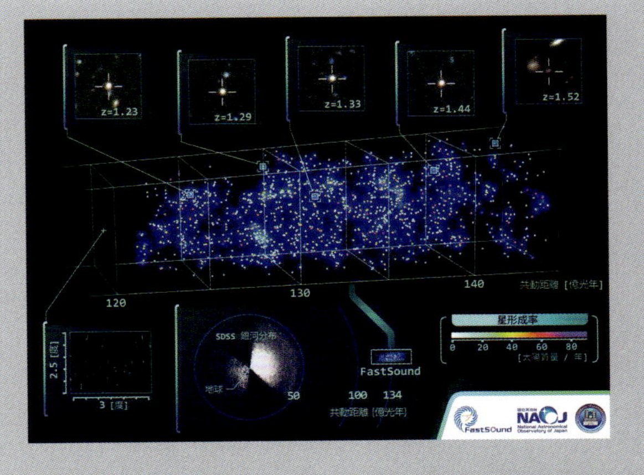

2017

2017.08.18-19　2017.08.24-25

クレジット：国立天文台/名古屋大学

重力波天体が放つ光を初観測

アメリカの重力波望遠鏡Advanced LIGOとヨーロッパの重力波望遠鏡Advanced Virgoによって観測された重力波源「GW170817」をHSC等で追観測し、重力波源の明るさの変化を捉えることに成功した。
重力波信号の特徴から、GW170817は中性子星同士の合体によるもので、さらに今回検出された光赤外線放射は、中性子星合体に伴う電磁波放射現象「キロノバ」によるものと考えられる。今回の観測結果は、金やプラチナなどの元素を合成する過程を伴うキロノバ放射の理論予測とよく一致しており、中性子星合体に伴う元素合成の現場を捉えたことを強く示唆するものだ。

2018

史上最高の広さと解像度を持つダークマターの地図を発表

HSCを用いた大規模探査観測データから、重力レンズ効果の解析に基づく史上最高の広さと解像度を持つダークマターの「地図」を作成。この「地図」からダークマターの塊の数を調べたところ、最も単純な加速膨張宇宙モデルでは説明できない可能性があることが分かった。加速膨張宇宙の謎を解き明かす上で新たな知見をもたらす成果だ。　＊120-121ページ参照。

2019

超遠方宇宙に大量の超巨大ブラックホールを発見

約130億光年彼方の超遠方宇宙で83個の超巨大ブラックホールを発見。ビッグバンから約8億年という宇宙初期の時代にも、超巨大ブラックホールが普遍的に存在したことを初めて明らかにした重要な成果だ。　＊126-127ページ参照。

HSCによる探査観測で研究チームが新発見した、地球から距離130.5億光年にある超巨大ブラックホール（矢印の先にある赤い天体）。

2020

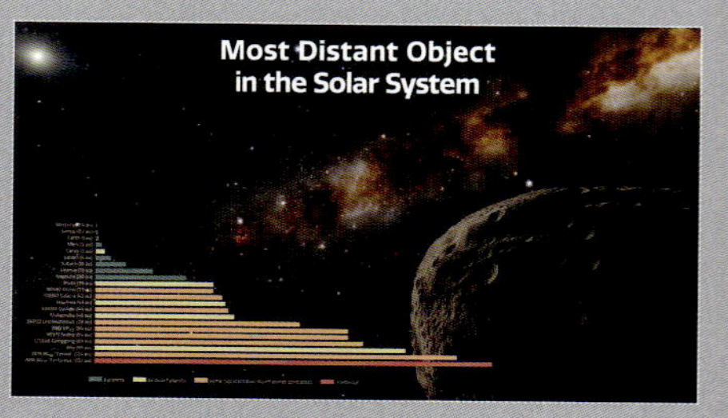

クレジット：国立天文台/Kojima et al.

現在の宇宙に残された形成初期の銀河を発見

すばる望遠鏡の大規模データと機械学習に基づく新手法を組み合わせることにより、現在の宇宙に残る、形成して間もない銀河が発見された。　＊195ページ参照。

HSCによる発見画像。最も酸素含有量が低い銀河の記録を更新した。これほど酸素含有率が低いということは、この銀河（HSC J1631+4426）にあるほとんどの星がごく最近作られたことを意味している。

2021

太陽系の最も遠くで発見された天体の記録を更新

HSCによって、太陽-地球間の距離の約132倍という非常に遠い場所で、新たな天体（愛称:ファーファーアウト）が発見された。 既知の太陽系天体の中で、発見時の距離が最も遠い天体の記録を更新した。
＊176-177ページ参照。

Most Distant Object in the Solar System

ファーファーアウト（2018 AG_{37}）のイメージイラスト
クレジット：NOIRLab/NSF/AURA/J. da Silva

生まれたての太陽系外惑星を発見

太陽よりも小さく暗い恒星の周りで、年齢200-500万年ほどの惑星「2M0437 b」を発見。これまで見つかった太陽系外惑星の中で最も若く、年齢が約46億年の地球と比べると、生まれたての赤ちゃんのような惑星だ。

IRCSと補償光学（AO188）によって捉えられた2M0437惑星系
クレジット：
国立天文台/アストロバイオロジーセンター/ハワイ大学

2022

すばる望遠鏡が捉えた生まれつつある惑星

すばる望遠鏡に搭載された強力な系外惑星観測装置により、今まさに生まれつつある、木星のような巨大な原始惑星が存在する証拠が初めて発見された。ガスや塵が降り積もりつつある「原始惑星」の最初の撮像例だ。　＊159ページ参照。

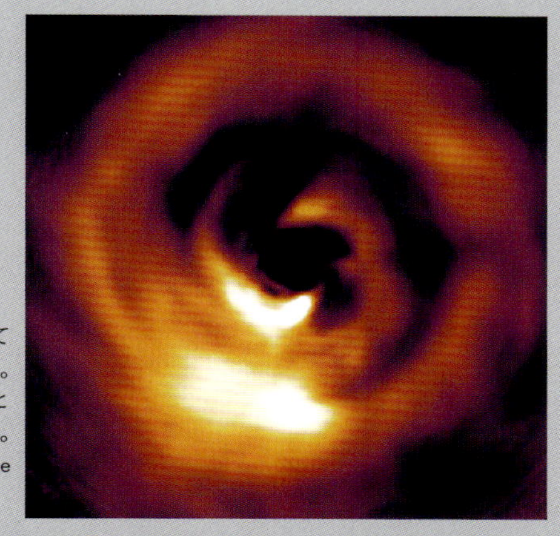

極限補償光学系SCExAOと撮像分光器CHARISによって得られたぎょしゃ座AB星の赤外線画像。これまで知られていた渦巻腕構造を伴った原始惑星系円盤とともに今回新たに発見された原始惑星がはっきりと見えている。
クレジット：T. Currie/Subaru Telescope

2023

宇宙初代の巨大質量星の明確な痕跡を発見

高分散分光器HDS等を用いた観測により、宇宙で最初に生まれた星々の中には太陽140個分以上の重さの巨大質量星が存在したことが初めて明確に示された。ビッグバン後の宇宙でどのように星が生まれてくるのかを理解する上で重要な研究成果だ。

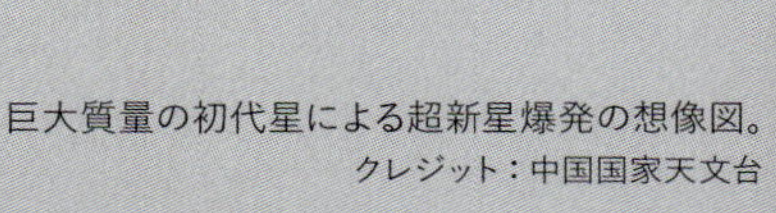

巨大質量の初代星による超新星爆発の想像図。
クレジット：中国国家天文台

終着点はブラックホール？ 100億年の宇宙の旅

天の川銀河の超巨大ブラックホールの近くにある恒星を観測した結果、この星（S0-6）が100億歳以上の年齢で、天の川銀河の外からやってきた可能性が高いことが分かった。

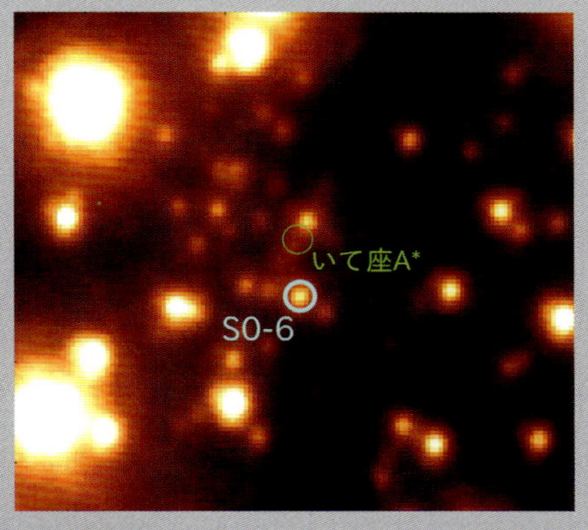

IRCSと補償光学（AO188）で撮られた天の川銀河の中心領域。約3秒角の視野内にたくさんの星が写っている。「いて座A*」は銀河中心。
クレジット：宮城教育大学/国立天文台

2024

銀河団を結ぶダークマターの「糸」を初検出

かみのけ座銀河団から数百万光年にわたって延びるダークマターの様子が、HSCによって捉えられた。宇宙の大規模構造を形作るダークマターの網目状の分布が、これほどの規模で検出されたのは初めてのことだ。宇宙の標準理論を検証する上で、重要な観測成果だ。

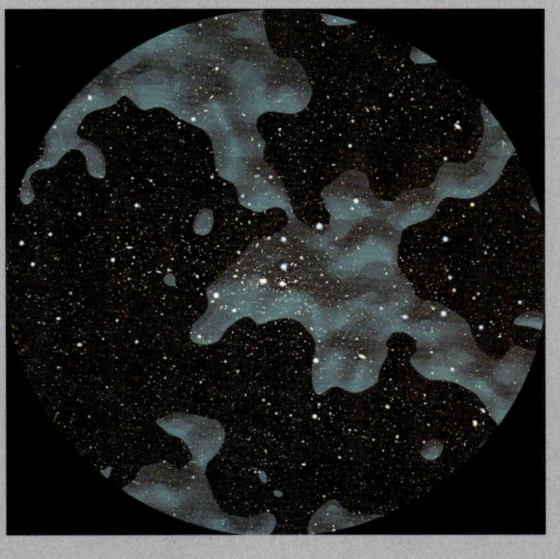

かみのけ座銀河団の領域で検出されたダークマターの分布（緑色）。背景はHSCで撮影された画像。銀河団の中心部からダークマターが放射状に延びる様子が捉えられている。
クレジット：HyeongHan et al.

執筆

安藤 誠（国立天文台ハワイ観測所）

石井未来（国立天文台ハワイ観測所）

臼田-佐藤功美子（国立天文台ハワイ観測所）

沖田博文（国立天文台ハワイ観測所）

嶋川里澄（早稲田大学高等研究所）

田中 壱（国立天文台ハワイ観測所）

田中賢幸（国立天文台ハワイ観測所）

田村元秀（東京大学大学院理学系研究科／アストロバイオロジーセンター）

寺居 剛（国立天文台ハワイ観測所）

土居 守（国立天文台）

服部 尭（国立天文台ハワイ観測所）

松岡良樹（愛媛大学先端研究院宇宙進化研究センター）

松元理沙（国立天文台ハワイ観測所）

宮﨑 聡（国立天文台ハワイ観測所）

渡部潤一（国立天文台天文情報センター）

天体画像解説

安藤 誠（国立天文台ハワイ観測所）

石井未来（国立天文台ハワイ観測所）

臼田-佐藤功美子（国立天文台ハワイ観測所）

小野智子（国立天文台天文情報センター）

日下部展彦（アストロバイオロジーセンター／国立天文台ハワイ観測所）

田中 壱（国立天文台ハワイ観測所）

田中賢幸（国立天文台ハワイ観測所）

田村元秀（東京大学大学院理学系研究科／アストロバイオロジーセンター）

鳥羽儀樹（国立天文台ハワイ観測所）

松元理沙（国立天文台ハワイ観測所）

Lundock, Ramsey Guy（国立天文台天文情報センター）

協力

池田遼太（総合研究大学院大学）

石垣美歩（国立天文台ハワイ観測所）

岡本桜子（国立天文台ハワイ観測所）

小野寺仁人（国立天文台ハワイ観測所）

小山佑世（国立天文台ハワイ観測所）

田村直之（国立天文台ハワイ観測所）

編集

国立天文台ハワイ観測所 編集委員

石井未来

臼田-佐藤功美子

田中賢幸

松元理沙

片柳政明（クレヴィス）

装幀・デザイン

吉江璃水（クレヴィス）

プリンティングディレクション

中村健太郎（アート・アイズ・クリエイション）

図版クレジット

ページ	図版	クレジット
1		Sebastian Egner
2		国立天文台　撮影：Pablo McLoud
4		国立天文台　撮影：藤原英明
6-7		Sebastian Egner
8-9		田中壱／国立天文台
10-11	図1	土橋一仁／国立天文台
	図2、図3	国立天文台
12-15	図1、図5	国立天文台
	図2、図3	PFS Project／国立天文台
	図4	Julien Lozi
16-17		国立天文台
18-19	図1	HSC-SSP/M. Koike／国立天文台
	図2	HSC Project
	図3	HSC-SSP
20-21		Dr. Vera Maria Passegger／国立天文台
22		国立天文台　画像提供：田中賢幸
24-27		国立天文台 画像提供：小池美知太郎・田中賢幸
28-31		国立天文台　画像提供：田中賢幸
32-33	ハッブル分類図画像	Sloan Digital Sky Survey, Michael R. Blanton, David W. Hogg
	図版背景画像	国立天文台 画像提供：小池美知太郎・田中賢幸
34-37		国立天文台　画像提供：田中賢幸
38-39		国立天文台
40-51		国立天文台　画像提供：田中賢幸
52-55		国立天文台
56-57	左	国立天文台　画像提供：田中賢幸
	右	国立天文台
58-59		国立天文台　画像提供：田中賢幸
60-62		国立天文台
63		国立天文台　画像処理：田中壱
64-69		国立天文台　画像提供：田中賢幸
70-71		国立天文台／SDSS／David Hogg／Michael Blanton　画像処理：田中壱
72		国立天文台
73-76		国立天文台　画像提供：田中賢幸
78-91		国立天文台　画像提供：田中賢幸
92-93	左	国立天文台　画像提供：田中賢幸
	右	NASA, ESA, Hubble Heritage Project (STScI, AURA)
94-98		国立天文台　画像提供：田中賢幸
99		国立天文台
100-101	左	国立天文台
	右	国立天文台　画像提供：田中賢幸
102		国立天文台　画像提供：田中賢幸
104-118		国立天文台　画像提供：田中賢幸
119		国立天文台
120-121		国立天文台　画像提供：田中賢幸
122-123	ダークマター分布図	国立天文台／HSC Project
	図1、図2	国立天文台
	ダークマター2次元分布図	国立天文台／東京大学
	ダークマター3次元分布図	東京大学／国立天文台
124		国立天文台
125	上	国立天文台
	下	国立天文台／Harikane et al.
126-127		国立天文台
128		国立天文台 画像提供：小池美知太郎、田中賢幸
130-131		国立天文台 画像提供：小池美知太郎、田中賢幸
132-133		国立天文台
	HSC画像	国立天文台 画像提供：小池美知太郎、田中賢幸
134-139		国立天文台
140-141		SONYC チーム／国立天文台
142-143		国立天文台
144-145		国立天文台
	ハッブル宇宙望遠鏡画像	NASA, NOAO, ESA, the Hubble Helix Nebula Team, M. Meixner (STScI), and T. A. Rector (University of Alaska Anchorage/NSF NOIRLab)
146		国立天文台　画像提供：田中賢幸
147		国立天文台
148-149		国立天文台
149	中央左	Fesen & Staker, 1993, MNRAS 263, 69-74
	中央右	国立天文台
150-151		国立天文台　画像提供：田中賢幸
152-153	左	国立天文台　画像提供：田中賢幸
	右	国立天文台
154		国立天文台
156		国立天文台
157		国立天文台　図版作成：クレヴィス
158		国立天文台
159		T. Currie／Subaru Telescope
160		Science Advances, H. B. Liu
161	上	国立天文台
	下	T. Currie／Subaru Telescope, UTSA
162-163		国立天文台
164-165		国立天文台／JAXA／東北大学
166		国立天文台
167	上	国立天文台
	下	国立天文台／NASA／JPL-Caltech
168-171		国立天文台
172-173		国立天文台　画像処理：八木雅文
174-175		国立天文台
176-177	左	寺居剛／国立天文台
	右	NASA, Joseph Olmsted (STScI)
178-179		Matthew Wahl
180-181	上	International Gemini Observatory/NOIRLab／NSF／AURA／J. Chu
	右下	国立天文台　撮影：藤原英明
182-185	図1	PFS Project／国立天文台
	図2、図4	国立天文台
	図3	Christopher Boggess／国立天文台
186		田中壱／国立天文台
187-189		国立天文台
190-193	図1-図4	国立天文台
	図5	国立天文台／HSC Collaboration
194-197	図1	統計数理研究所
	図2	国立天文台／Kojima et al.
	図3	国立天文台／Tadaki et al.
	図4	国立天文台／Tanaka et al.
198-199	図1	PFS プロジェクト／カブリ数物連携宇宙研究機構／国立天文台
	図2	TMT国際天文台

＊16-17ページ「すばる望遠鏡　観測装置年表」および200-205ページ「すばる望遠鏡　25年の歩み」掲載図版については、クレジットの記載があるものを除き、著作権は全て国立天文台に帰属する。

本扉写真：すばる望遠鏡と朝焼けの空に落ちるマウナケアの影

すばる望遠鏡
宇宙の神秘を探る

2025年3月31日　第1刷発行

編著　大学共同利用機関法人
自然科学研究機構 国立天文台
ハワイ観測所

発行者　江水彰洋
発行所　株式会社クレヴィス
〒101-0052
東京都千代田区神田小川町3-1-3
Tel：03-6427-2806
HP：https://crevis.co.jp/
印刷・製本　シナノ印刷株式会社

Printed in Japan
ISBN 978-4-911003-32-9